Gesetzmäßigkeiten in der Statik

des

Vierendeel-Trägers

nebst

Verfahren zur unmittelbaren Gewinnung der Einflußlinien durch Reihenbildung

Von

Regierungsbaumeister

Dr.-Ing. Ludwig Freytag

Oberingenieur der Maschinenfabrik Augsburg-Nürnberg A.-G.
Werk Nürnberg.

München und **Berlin**
Druck und Verlag von R. Oldenbourg
1911

Vorwort.

Ein tiefer Einblick in die Bildungsgesetze der statischen Gleichungen läßt sich mit Hilfe der ebenen Geometrie gewinnen. Hierbei tritt offensichtlich hervor, welchen großen Vorteil die Anwendung der arithmetischen Reihe zur Lösung schwieriger Aufgaben bietet.

Dies habe ich bereits im Jahre 1892 in meiner bei B. G. Teubner in Leipzig erschienenen Schrift: »Vereinfachung in der statischen Bestimmung elastischer Balkenträger« — insbesondere im zweiten Abschnitt »Freischwebende Träger« — gezeigt. Meine Hoffnung, ich würde bei dem weiteren Ausbau des eingeschlagenen Weges zahlreiche Mitarbeiter finden, hat sich nicht erfüllt.

Inzwischen hatte ich bei Lösung von vielseitigen praktischen Aufgaben reichlich Gelegenheit gefunden, den inneren Wert der Reihenbildung für die Statik zu prüfen und mit Hilfe der Reihe manche Entwicklungen durchzuführen, die sich auf anderem Wege kaum so übersichtlich gestaltet haben würden.

Hiervon findet sich ein kleiner Teil in meiner zur Erlangung der Würde eines Doktors der technischen Wissenschaften bei der Königl. Technischen Hochschule zu München im Jahre 1904 eingereichten Dissertation über »Gesetzmäßigkeiten in der Träger-Theorie«. Dort habe ich unter der Bezeichnung «Der Doppelbogenträger« auch ein Tragsystem behandelt, das sich vom Vierendeel-Träger nur insofern unterscheidet, als die Zwischenpfosten nicht steif, sondern gelenkartig an die Gurten angeschlossen gedacht sind.

Bei letzterer Arbeit, sowie bei Abfassung der vorliegenden, dem »Vierendeel-Träger« gewidmeten Abhandlung, leistete die arithmetische Reihe vorzügliche Dienste. Als besonders wertvolles Hilfsmittel zur Erkenntnis des inneren Zusammenhanges der statischen Gesetze wird sie sich auch bei der Lösung noch verwickelterer Aufgaben bewähren, z. B. für die Berechnung des Vierendeel-Trägers, wenn dessen Gurten verschiedenen nach gewissen mathematischen Gesetzen gekrümmten oder polygonal gestalteten Linienzügen folgen.

In vorliegender Schrift findet sich nur der Sonderfall: »Vierendeel-Träger mit geradlinigen Parallelgurten« behandelt. Möge die Art der Darstellung freundliche Aufnahme finden und zur weiteren fruchtbringenden Verwertung der arithmetischen Reihe in der Statik anregen.

Nürnberg, im Mai 1911.

Dr. Ing. **Ludwig Freytag.**

Inhaltsverzeichnis.

1. Einleitung.

Das durch festes Aneinanderreihen steifer Rahmen gebildete diagonallose Tragsystem, wie es Vierendeel vorschlug, würde vielleicht schon häufigere Verwendung in der Praxis gefunden haben, wenn dessen statische Behandlung nicht mit gewissen Umständlichkeiten verknüpft gewesen wäre. Zwar sind aus den letzten Jahren sehr bemerkenswerte fortschrittliche Arbeiten auf diesem Gebiete zu verzeichnen; so die in »Beton und Eisen« veröffentlichten Abhandlungen von Vierendeel selbst (ins Deutsche übertragen von Dr. F. Gebauer 1907), dann von Frandsen (1909), Ostenfeld (1910) und Metzger (1911); ferner die unten*) näher angegebene Schrift von Balicki (1910).

Es blieb aber immerhin noch manches zu lösen, wenn die Gesetze des Vierendeel-Trägers in einer übersichtlichen und selbst für einfachere Fälle leicht verwendbaren Weise gewonnen werden sollen.

In dieser Hinsicht möge die vorliegende Abhandlung einen Beitrag leisten, und es darf vielleicht gleich im vornherein gesagt werden, daß sich hierbei ein überraschender Einblick in die wunderbare Gesetzmäßigkeit, welcher der Vierendeel-Träger untersteht, eröffnet, und daß für bestimmte Formen des Trägernetzes die »Einflußlinien der Hauptkräfte« in außerordentlich einfacher Weise durch Reihenbildung erhalten werden.

Soll der Entwicklungsgang ein klarer sein und eine gewisse Erweiterungsfähigkeit für die Anwendung auf schwieriger gelagerte Fälle in sich bergen, dann muß mit den statischen Grundzügen des Vierendeel-Trägers begonnen werden. Dabei läßt es sich nicht vermeiden, daß teilweise bereits Bekanntes mit zur Entwicklung gelangt.

2. Art des zu behandelnden Trägers.

Vorausgesetzt sei ein Tragsystem mit parallelen wagrechten Gurt-Axen im Höhen-Abstande h. Das Verhältnis der Trägheitsmomente von Ober- und Unter-

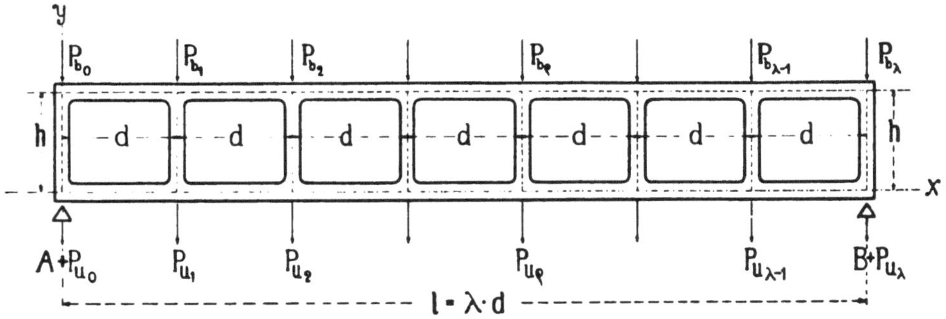

Abb. 1.

*) Dr. Ing. Wenzel St. Ritter von Balicki. »Einflußlinien für die Berechnung paralleler Vierendeel-Träger.« Verlag von W. Ernst & Sohn, Berlin. Diese Schrift bringt am Schlusse einen ausführlichen Literaturnachweis über die bisher bezüglich des Vierendeel-Trägers gepflogenen Untersuchungen.

gurtquerschnitt soll in jedem durch das System geführten Vertikalschnitt das gleiche sein. Der gegenseitige Mittelabstand d je zweier Vertikalpfosten sei konstant. Die Stützvertikalen sollen mit den Axen der beiden Endpfosten zusammenfallen. Die Stützweite sei $l = \lambda d$.

Auf das Tragsystem mögen nur vertikal nach abwärts gerichtete äußere Kräfte P an den Stellen der Pfosten des Systems (Knoten) wirken. Von diesen Kräften greift je die Teilkraft P_b am oberen und die Teilkraft P_u am unteren Knoten an, so daß also $P_b + P_u = P$. Selbstverständlich können die Teilkräfte je positiv oder negativ sein oder auch eine Abhängigkeit — etwa von einem zweiten Tragsystem, mit welchem der Vierendeel-Träger verbunden sein mag — in sich bergen.

Die Stützkräfte A und B seien gleichfalls nach abwärts gerichtet gedacht, so daß also

$$A = -\Sigma \frac{l-x}{l} P \quad \text{und} \quad B = -\Sigma \frac{x}{l} P.$$

Aus der Summe der links oder rechts von einer beliebigen Trägerstelle wirkenden äußeren Kräfte bildet sich die vertikale Scherkraft V_l bezw. V_r:

$$V_l = A + \Sigma P_l \quad \text{und} \quad V_r = B + \Sigma P_r \cdot \quad (V_l + V_r = 0).$$

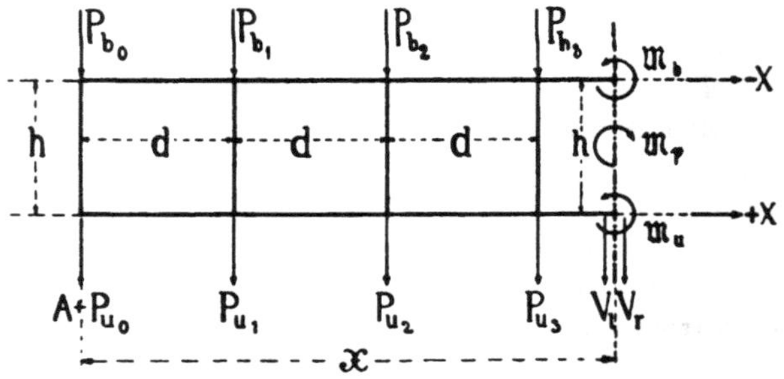

Abb. 2.

Führt man einen Vertikalschnitt durch beide Gurten eines Trägerfeldes und betrachtet man einen der beiden Trägerabschnitte, z. B. hier den linkseitigen für sich, so wirken gemäß Abb. 2 an dem Schnitte außer der vertikalen Scherkraft V_r

das Moment $\mathfrak{M}_u$ und die Axialkraft $+ X$ im Untergurt

das Moment $\mathfrak{M}_b$ und die Axialkraft $- X$ im Obergurt.

Mit diesen Kraftgrößen stehen die im linkseitigen Trägerabschnitt selbst wirkenden Kraftgrößen im Gleichgewicht.

Bezeichnet man allgemein mit

$$\mathfrak{M}_p$$

das Moment der äußeren Kräfte A und P_l in bezug auf einen in der Schnittvertikalen gelegenen beliebigen Drehpunkt, so besteht bezüglich der Momente die Gleichung:

$$\mathfrak{M}_p - X h - (\mathfrak{M}_u + \mathfrak{M}_b) = 0.$$

Es ist also

$$\mathfrak{M}_u + \mathfrak{M}_b = \mathfrak{M}_p - X h \quad \ldots \ldots \quad 1)$$

Unter Einführung der noch unbekannten Verhältnisgröße ν sei

$$\mathfrak{M}_u = \nu (\mathfrak{M}_p - X h) \text{ und } \mathfrak{M}_b = (1-\nu)(\mathfrak{M}_p - X h)^{\cdot} \quad \ldots \quad 2)$$

Es ist dann

$$\mathfrak{M}_b = \frac{1-\nu}{\nu} \mathfrak{M}_u \quad \ldots \ldots \quad 3)$$

3. Betrachtung des Einzelrahmens.

Schneidet man nun ein Feld des Trägers heraus, so befindet sich dieses im Gleichgewicht, sobald — wie es in Abb. 3 geschieht — die an den Schnitten wirkenden Kräfte angebracht werden. Es sind dies:

1. Die vertikalen Scherkräfte $V_\varrho = A + \Sigma P_l$ (links vom Feld) und $V_{\varrho+1} = B + \Sigma P_r$ (rechts vom Feld), welche der Einfachheit wegen an den unteren Knoten (ϱ) und ($\varrho + 1$) wirkend gedacht werden sollen und welche mit den Kräften $P_{u\varrho}$ bezw. $P_{u\varrho+1}$ und $P_{b\varrho}$ bezw. $P_{b\varrho+1}$ im Gleichgewicht stehen.

2. Die in den abgeschnittenen Gurten wirkenden horizontal gerichteten Axialkräfte X_ϱ und $X_{\varrho+1}$.

3. Die gleichfalls in den abgeschnittenen Gurten wirkenden Biegungsmomente $\mathfrak{M}_{u\varrho}$ bezw. $\mathfrak{M}_{u\varrho+1}$ und $\mathfrak{M}_{b\varrho}$ bezw. $\mathfrak{M}_{b\varrho+1}$.

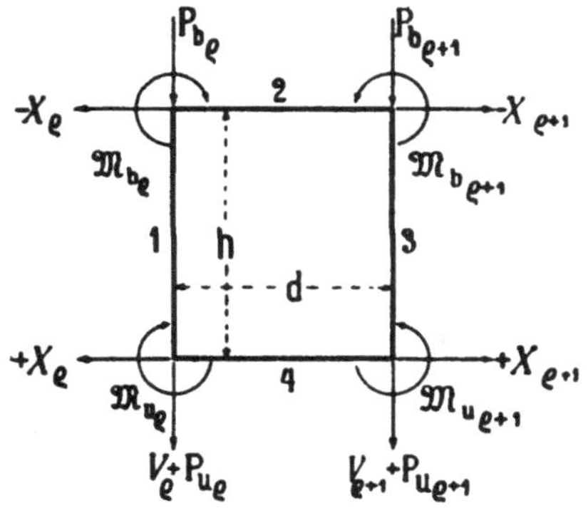

Abb. 3.

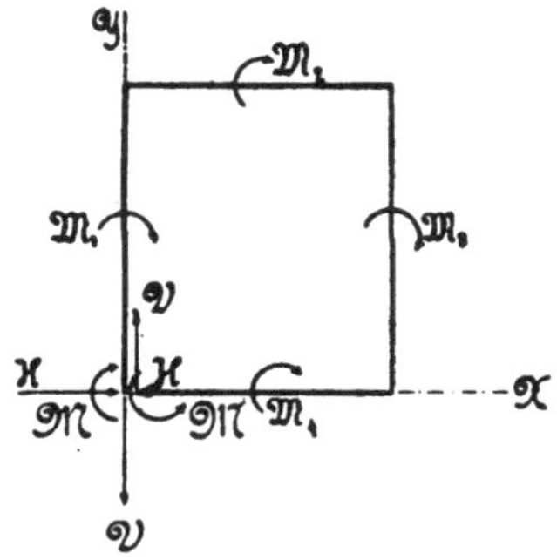

Abb. 4.

Die in den einzelnen Stäben 1, 2, 3 und 4 des Feldes wirkenden Axialkräfte werden mit S_1, S_2, S_3 und S_4, die ebenda wirkenden Biegungsmomente mit $\mathfrak{M}_1$, $\mathfrak{M}_2$, $\mathfrak{M}_3$ und $\mathfrak{M}_4$ bezeichnet. Die Wirkung der Querkräfte wird — wie dies wegen deren geringen Einflusses allgemein geschieht — vernachlässigt, und so erscheinen diesbezügliche Größen nicht in Rechnung.

Schneidet man nun das Feld beispielsweise im Stabe 4 nächst der Ecke 1,4 auf und bringt man an den Schnitten die zunächst noch unbekannten Kraftgrößen $\mathcal{M}$, $\mathcal{H}$ und $\mathcal{V}$ an, so folgert aus Abb. 3 und 4

$$S_1 = V_\varrho + P_{u\varrho} + \mathcal{V}; \qquad S_2 = -\mathcal{H};$$
$$S_3 = V_{\varrho+1} + P_{u\varrho+1} - \mathcal{V}; \qquad S_4 = +\mathcal{H};$$

ferner

$$\mathfrak{M}_1 = +\mathcal{M} + \mathfrak{M}_{u\varrho} \quad - (\mathcal{H} - X_\varrho)\, y;$$
$$\mathfrak{M}_3 = -\mathcal{M} - \mathfrak{M}_{u\varrho+1} + (\mathcal{H} - X_{\varrho+1})\, y + \mathcal{V} d;$$

$$\mathfrak{M}_2 = +\mathcal{M} + (\mathfrak{M}_{u\varrho} + \mathfrak{M}_{b\varrho}) - (\mathcal{H} - X_\varrho)\, h - (V_\varrho + P_\varrho + \mathcal{V})\, x;$$
$$\mathfrak{M}_4 = -\mathcal{M} + \mathcal{V} x.$$

Da nun gemäß Gl. 1): $\mathfrak{M}_{u\varrho} + \mathfrak{M}_{b\varrho} = \mathfrak{M}_{p\varrho} - X_\varrho h$, so läßt sich für $\mathfrak{M}_2$ auch schreiben:

$$\mathfrak{M}_2 = +\mathcal{M} - \mathcal{V} x + \mathfrak{M}_{p\varrho} - \mathcal{H} h - (V_\varrho + P_\varrho)\, x; \text{ hierzu}$$
$$\mathfrak{M}_4 = -\mathcal{M} + \mathcal{V} x.$$
$$\overline{\mathfrak{M}_2 + \mathfrak{M}_4 = \qquad \mathfrak{M}_{p\varrho} - \mathcal{H} h - (V_\varrho + P_\varrho)\, x.}$$

Die Richtigkeit dieser Gleichung erweist sich unmittelbar aus Gl. 1), denn es ist $\mathfrak{M}_{p\varrho} - (V_\varrho + P_\varrho)x = \mathfrak{M}_{px}$, also $\mathfrak{M}_2 + \mathfrak{M}_4 = (\mathfrak{M}_{px} - \mathcal{H}h)$.

Da nun nach Gl. 2) $\mathfrak{M}_{u\varrho} = \nu(\mathfrak{M}_{p\varrho} - X_\varrho h)$ und $\mathfrak{M}_{u\varrho+1} = \nu(\mathfrak{M}_{p\varrho+1} - X_{\varrho+1}h)$ ist, so muß auch sein: $\mathfrak{M}_4 = \nu(\mathfrak{M}_2 + \mathfrak{M}_4)$.

Hieraus ergibt sich $\mathfrak{M}_2 = \frac{1-\nu}{\nu}\mathfrak{M}_4$ ebenso wie nach Gl. 3) $\mathfrak{M}_b = \frac{1-\nu}{\nu}\mathfrak{M}_u$ war.

Es bestehen daher für $\mathfrak{M}_2$ die beiden Gleichungen

$$\mathfrak{M}_2 = \mathcal{M} - \mathcal{V}x + \mathfrak{M}_{p\varrho} - \mathcal{H}h - (V_\varrho + P_\varrho)x \quad \text{und}$$

$$\mathfrak{M}_2 = \left(1 - \frac{1}{\nu}\right)(\mathcal{M} - \mathcal{V}x)$$

$$0 = \frac{1}{\nu}(\mathcal{M} - \mathcal{V}x) + \mathfrak{M}_{p\varrho} - \mathcal{H}h - (V_\varrho + P_\varrho)x \quad \text{oder}$$

$$0 = [(\mathcal{M} + \nu\mathfrak{M}_{p\varrho}) - \nu\mathcal{H}h] - [\mathcal{V} + \nu(V_\varrho + P_\varrho)]x.$$

Dieser Ausdruck ist analytisch nichts anderes als die Gleichung einer mit der $\mathfrak{X}$-Achse zusammenfallenden Geraden $y = a + bx$, die für $y = 0$ nur dann bestehen kann, wenn $a = 0$ und zugleich $b = 0$ ist.

Sohin muß sein:

$$(\mathcal{M} + \nu\mathfrak{M}_{p\varrho}) - \nu\mathcal{H}h = 0 \text{ und } \mathcal{V} + \nu(V_\varrho + P_\varrho) = 0 \text{ oder}$$

$$\mathcal{M} + \nu\mathfrak{M}_{p\varrho} = \nu\mathcal{H}h \quad \ldots\ldots\ldots \quad 4)$$

$$\mathcal{V} = -\nu(V_\varrho + P_\varrho) \quad \ldots\ldots\ldots \quad 5)$$

Setzt man den Ausdruck 4) in die Gleichung $\mathfrak{M}_1 = \mathcal{M} + \mathfrak{M}_{u\varrho} - (\mathcal{H} - X_\varrho)y$ ein und beachtet man, daß nach Gl. 2): $\mathfrak{M}_{u\varrho} = \nu(\mathfrak{M}_{p\varrho} - X_\varrho h)$ ist, so erhält man

$$\mathfrak{M}_1 = -(\mathcal{H} - X_\varrho)(y - \nu h) \quad \ldots\ldots\ldots \quad 6)$$

Ebenso erhält man mit den Ausdrücken 4 und 5 aus der Gleichung:

$$\mathfrak{M}_3 = -[\mathcal{M} + \mathfrak{M}_{u\varrho+1} - (\mathcal{H} - X_{\varrho+1})y] + \mathcal{V}d$$

die Gleichung

$$\mathfrak{M}_3 = +(\mathcal{H} - X_{\varrho+1})(y - \nu h) \quad \ldots\ldots\ldots \quad 7)$$

Da nun stets sein muß: $0 \leqq \nu \leqq 1$ und $0 \leqq y \leqq h$, so haben die Momente $\mathfrak{M}_1$ und $\mathfrak{M}_3$ je einen praktisch wirkenden Nullpunkt. Es bildet sich gleichsam innerhalb der Stäbe 1 und 3 je ein natürliches Gelenk, das bei beiden Stäben in gleicher Höhe $y = \nu h$ liegt.

Diese Eigenschaft vereinfacht die weitere Betrachtung.

Mit den Gleichungen 4—7 gestalten sich einzelne Ausdrücke für die Axialkräfte S und Momente $\mathfrak{M}$ der 4 Stäbe wesentlich einfacher. Es wird erhalten:

$$\left.\begin{array}{ll} S_1 + P_{b\varrho} = (1-\nu)(V_\varrho + P_\varrho); & S_2 = -\mathcal{H}; \\ S_3 + P_{b\varrho+1} = (1-\nu)(V_{\varrho+1} + P_{\varrho+1}); & S_4 = +\mathcal{H}. \\ \mathfrak{M}_1 = +(X_\varrho - \mathcal{H})(y - \nu h); & \mathfrak{M}_2 = (1-\nu)(\mathfrak{M}_{px} - \mathcal{H}h); \\ \mathfrak{M}_3 = -(X_{\varrho+1} - \mathcal{H})(y - \nu h); & \mathfrak{M}_4 = \nu(\mathfrak{M}_{px} - \mathcal{H}h). \end{array}\right\} \quad . \quad 8)$$

Schneidet man einen beliebigen anderen Einzelrahmen aus dem Tragsystem heraus, so erhält man hierfür genau die gleichen Gesetze.

4. Lage der Gelenke in den Pfosten.

Es muß vorausgeschickt werden, daß einer allgemeinen Bestimmung der Verteilungsgröße ν sehr schwer beizukommen ist. Es mögen daher die nachfolgenden diesbezüglichen Erwägungen wohl zur Klärung der Frage beitragen, ein Anspruch auf Vollständigkeit aber kann ihnen nicht zustehen. Vielmehr ist der eingeschlagene Weg der Betrachtung eher einer Annäherung gleichzuachten.

Soll die Größe ν für das ganze System konstant sein — und nur unter dieser Voraussetzung bleiben sonst schwer zu überwindende Verwicklungen im Betrachtungsgange vermieden — dann muß das Verhältnis der Trägheitsmomente des Ober- und Untergurtquerschnittes in jedem durch das System geführten Vertikalschnitt das gleiche sein. Dies wurde daher von Anfang an vorausgesetzt. Es lassen sich dann aber auch schon aus der Betrachtung des Einzelrahmens für sich gewisse Schlüsse auf die Größe ν ziehen.

Bezeichnet man mit Θ_1, Θ_2, Θ_3 und Θ_4 die Trägheitsmomente und mit F_1, F_2, F_3 und F_4 die Flächen der Stabquerschnitte des Einzelrahmens, die der einfacheren Betrachtung wegen je auf die ganze Länge eines der 4 Stäbe des Einzelrahmens konstant sein sollen, und setzt man zur Vereinfachung der Schreibweise

$$\frac{\Theta_2}{\Theta_1} = \vartheta_1; \ \frac{\Theta_2}{\Theta_3} = \vartheta_3; \ \frac{\Theta_2}{\Theta_4} = \vartheta_4 \text{ und } \frac{\Theta_2}{F_1} = \varphi_1, \ \frac{\Theta_2}{F_2} = \varphi_2, \ \frac{\Theta_2}{F_2} = \varphi_3 \text{ und } \frac{\Theta_2}{F_4} = \varphi_4,$$

so ist die Arbeit $\mathfrak{A}$ im Einzelrahmen unter Vernachlässigung des Einflusses der Querkräfte ausgedrückt in der Gleichung

$$2\,\varepsilon\,\Theta_2 \cdot \mathfrak{A} = \int_0^d [\mathfrak{M}_2^2 + \vartheta_4\,\mathfrak{M}_4^2]\,dx + \int_0^h [\vartheta_1\,\mathfrak{M}_1^2 + \vartheta_3\,\mathfrak{M}_3^2]\,dy + \int_0^d [\varphi_2 S_2^2 + \varphi_4 S_4^2]\,dx$$
$$+ \int_0^h [\varphi_1 S_1^2 + \varphi_3 S_3^2]\,dy.$$

Hierbei ist ε der Elastizitätsmodul des durchweg gleich vorausgesetzten Baustoffes.

Werden für die Größen $\mathfrak{M}$ und S die in den Gl. 8) gewonnenen Ausdrücke eingesetzt, so erhält man

$$2\,\varepsilon\,\Theta_2 \cdot \mathfrak{A} = [(1-\nu)^2 + \vartheta_4\,\nu^2] \int_0^d (\mathfrak{M}_{p\,x} - \mathfrak{H}\,h)^2\,dx + \frac{(1-\nu)^3 + \nu^3}{3}\,[\vartheta_1\,(X_\varrho - \mathfrak{H})^2$$
$$+ \vartheta_3\,(X_{\varrho+1} - \mathfrak{H})^2]\,h^3 + (\varphi_2 + \varphi_4)\,d \cdot \mathfrak{H}^2 + \varphi_1\,h\,[(1-\nu)\,(V_\varrho + P_\varrho) - P_{b\,\varrho}]^2$$
$$+ \varphi_3\,h\,[(1-\nu)\,(V_{\varrho+1} + P_{\varrho+1}) - P_{b\,\varrho+1}]^2 \quad . \quad . \quad . \quad . \quad . \quad 9)$$

Den Gesetzen der Arbeit zufolge können die Axialkräfte der Pfosten einen bedeutenden Einfluß auf die Formänderung nicht üben. Man wird daher keinen großen Fehler begehen, wenn die beiden von φ_1 und φ_3 abhängigen Glieder aus der Arbeitsgleichung 9) ausgeschieden werden. Die hiermit reduzierte Arbeit $\mathfrak{A}_1$ ist dann ausgedrückt in der Gleichung

$$2\,\varepsilon\,\Theta_2 \cdot \mathfrak{A}_1 = [(1-\nu)^2 + \vartheta_4\,\nu^2] \int_0^d (\mathfrak{M}_{p\,x} - \mathfrak{H}\,h)^2\,dx$$
$$+ \frac{(1-\nu)^3 + \nu^3}{3}\,[\vartheta_1\,(X_\varrho - \mathfrak{H})^2 + \vartheta_3\,(X_{\varrho+1} - \mathfrak{H})^2]\,h^3 + (\varphi_2 + \varphi_4)\,d \cdot \mathfrak{H}^2 \quad 10)$$

Die Wirkung der Axialkräfte in den Gurten auch noch zu vernachlässigen, dürfte kaum zulässig sein. Denn es ist wohl zu beachten, daß durch die entgegengesetzt gerichtete Dehnung in Ober- und Untergurt die Lage der natürlichen Gelenke in den Pfosten immerhin wesentlich beeinflußt sein muß.

Die Ableitung der Gl. 10 nach ν gibt

$$\varepsilon\,\Theta_2 \cdot \frac{\partial \mathfrak{A}_1}{\partial \nu} = -\,[(1-\nu) - \vartheta_4\,\nu] \int_0^d (\mathfrak{M}_{p\,x} - \mathfrak{H}\,h)^2\,dx$$
$$- \frac{(1-\nu)^2 - \nu^2}{2}\,[\vartheta_1\,(X_\varrho - \mathfrak{H})^2 + \vartheta_3\,(X_{\varrho+1} - \mathfrak{H})^2]\,h^3 = 0.$$

Setzt man den aus dieser Gleichung für $[\vartheta_1\,(X_\varrho - \mathfrak{H})^2 + \vartheta_3\,(X_{\varrho+1} - \mathfrak{H})^2]\,h^3$ erhaltenen Ausdruck in die Arbeitsgleichung 10) ein, so ergibt sich nach einigen Umformungen:

$$2\,\varepsilon\,\Theta_2 \cdot \mathfrak{A}_1 = \frac{(1-\nu)(1-3\nu)+\vartheta_4\,\nu\,(2-3\nu)}{3\,(1-2\nu)} \int\limits_0^d (\mathfrak{M}_{px} - \mathcal{K}\,h)^2\,d\,x$$
$$+ (\varphi_2+\varphi_4)\,d \cdot \mathcal{K}^2 \quad \ldots \ldots \ldots \quad 11)$$

In dieser Gleichung erscheinen immer noch sämtliche von einander abhängige drei Größen ν, ϑ_4 und $\mathcal{K}$, deren direkte Bestimmung nicht möglich ist. Dagegen ist anzunehmen, daß das von den Momenten abhängige erste Glied der Gleichung Hauptanteil an der Formänderung hat, und daß das Minimum der Arbeit dadurch bedingt ist, daß jenes Glied an sich möglichst klein wird.

Diesem kleinsten Wert dürfte man schon damit sehr nahe kommen, wenn gesetzt wird:

$$\frac{(1-\nu)(1-3\nu)+\vartheta_4\,\nu\,(2-3\nu)}{3\,(1-2\nu)} = \text{Minimum} \quad \ldots \quad 12)$$

Die Ableitung dieser Gleichung nach ν gleich Null gesetzt, gibt

$$\vartheta_4 = 1 \quad \ldots \ldots \ldots \quad 13)$$

Hiermit wird

$$\frac{(1-\nu)(1-3\nu)+\vartheta_4\,\nu\,(2-3\nu)}{3\,(1-2\nu)} = \frac{1}{3}\cdot\frac{1-2\nu}{1-2\nu} = \frac{1}{3} \quad \ldots \quad 14)$$

Das Ergebnis des linksseitigen Ausdruckes ist sohin von der Größe ν unabhängig. Den wahren Wert ν für $\vartheta_4 = 1$ erhält man zweifellos, wenn

$$\frac{(1-\nu)(1-3\nu)+\nu\,(2-3\nu)}{3\,(1-2\nu)} = \frac{1}{3}\cdot\frac{1-2\nu}{1-2\nu} = \frac{0}{0}$$

gesetzt wird. In diesem Fall ist

$$\nu = \frac{1}{2} \quad \ldots \ldots \ldots \quad 15)$$

Für $\vartheta_4 = 1$, also $\Theta_2 = \Theta_4$, d. h. für gleiche Trägheitsmomente in Ober- und Untergurt lägen demnach die natürlichen Gelenkpunkte in Mitte der Pfosten.

Dies entspricht voll der Wahrscheinlichkeit und es ist um so weniger daran zu zweifeln, als die von vielen Theoretikern bisher gebrachten Veröffentlichungen aus dem Gebiete des Vierendeel-Trägers hierin übereinstimmen.

Man könnte nun versucht sein, sich auch das absolute Minimum des Ausdruckes Ziff. 12 näher anzusehen und zu diesem Zwecke zu setzen:

$$\frac{(1-\nu)(1-3\nu)+\vartheta_4\,\nu\,(2-3\nu)}{3\,(1-2\nu)} = 0.$$

Wenn auch dieses absolute Minimum, mit dem das erste Glied aus Gl. 11) völlig verschwinden würde, tatsächlich nicht eintreten kann, so sind doch die Betrachtungen, die sich daran knüpfen, immerhin sehr interessant. Es würde sich nämlich die Beziehung ergeben:

$$\vartheta_4 = -\frac{1-\nu}{\nu}\cdot\frac{1-3\nu}{2-3\nu}.$$

Da ϑ_4 stets **positiv** sein **muß**, so könnte sich der Wert der Größe ν nur zwischen $^1/_3$ und $^2/_3$ bewegen. Die natürlichen Gelenkpunkte in den Pfosten würden daher nur zwischen $^1/_3$ und $^2/_3$ der geometrischen Höhe h des Trägers liegen können. (Merkwürdigerweise stimmen diese Grenzen mit den Lagen der Kernränder in einem Balken von rechteckigem Querschnitt überein.)

Für $\nu = \frac{1}{3}$ wäre $\vartheta_4 = 0$, also $\Theta_2 = 0$. Für $\nu = {}^2/_3$ wäre $\vartheta_4 = \infty$, also $\Theta_4 = 0$.

Allgemein würde sein:

$$\nu = \frac{1}{3\,(1-\vartheta_4)}\left[(2-\vartheta_4) - \sqrt{1-\vartheta_4\,(1-\vartheta_4)}\right]$$

Für $\vartheta_4 = 1$, also für $\Theta_2 = \Theta_4$ wäre $\nu = \frac{0}{0}$.

Der wirkliche Wert ν würde sohin sein:

$$\nu = \frac{\frac{\partial}{\partial \vartheta_4}\left[(2-\vartheta_4)-\sqrt{1-\vartheta_4(1-\vartheta_4)}\right]}{\frac{\partial}{\partial \vartheta_4}\left[3(1-\vartheta_4)\right]} = \frac{1}{2}.$$

Das ist nun besonders bemerkenswert. Denn für $\nu = \frac{1}{2}$ einzig und allein kann der Ausdruck $\frac{(1-\nu)(1-3\nu)+\vartheta_4 \nu (2-3\nu)}{3(1-2\nu)}$ nicht gleich Null werden, obwohl er oben durchweg gleich Null vorausgesetzt wurde. Gleichung (14) behält also auch hier ihre Gültigkeit und das dürfte die Berechtigung der angestellten Betrachtung etwas näher rücken.

Sieht man sich die sonstigen Gesetze, wie sie sich aus der vorstehenden Betrachtung ergeben würden, genauer an, so findet man eine Eigentümlichkeit. Es wurde erhalten: $\nu = \frac{1}{3}$ für $\Theta_2 = 0$ und $\nu = \frac{2}{3}$ für $\Theta_4 = 0$.

Sollte die Ausführung des Vierendeelträgers mit unterschiedlichen Größen Θ_2 und Θ_4 allgemein möglich sein, dann hätte man erwarten müssen: $\nu = 1$ für $\Theta_2 = 0$ und $\nu = 0$ für $\Theta_4 = 0$. Denn nur unter dieser Bedingung wäre der Gurt, dessen Trägheitsmoment $\backsim 0$ ist, von Biegungsbeanspruchungen, die er ja überhaupt gar nicht aufzunehmen vermöchte, frei. Vorausgesetzt, daß der Gang der Betrachtung einigermaßen zulässig ist, würde sich dagegen ergeben, daß gerade derjenige Gurt, dessen Trägheitsmoment das kleinere ist, größere Biegungsbeanspruchungen erfahren könnte wie der andere. Es fragt sich nun, ob der darin liegende Widerspruch nicht darauf deuten könnte, daß sich der Vierendeelträger praktisch vielleicht überhaupt nur mit gleichen Trägheitsmomenten von Ober- und Untergurt ausführen ließe, während bei unterschiedlichen Trägheitsmomenten im Ober- und Untergurt der schwächere Teil Überbeanspruchungen erfahren müßte, oder der stärkere Teil in der ihm eigenen Festigkeit nicht ausgenutzt werden würde.

Solange mit Sicherheit nicht erwiesen ist, welche Lage die natürlichen Gelenkpunkte in den Pfosten im allgemeinen einnehmen und welche Kräftewirkungen hieraus im speziellen Falle entstehen, wird man jedenfalls gut tun, bei Anwendung des Vierendeelträgers dem Ober- und Untergurt in je einem durch das Tragsystem geführten Vertikalschnitt gleiche Querschnittsfläche mit gleichem Trägheitsmoment zu geben. In zwei aufeinanderfolgenden Vertikalschnitten kann gleichwohl die Querschnittsfläche bzw. das Trägheitsmoment verschieden sein, wenn nur in jedem Vertikalschnitte Obergurt und Untergurt diesbezüglich nahezu übereinstimmen.

Nach vorstehender Erwägung würde die weitere Betrachtung des Vierendeelträgers für den allgemeinen Fall, d. h. für eine beliebige Verteilungsgröße ν eigentlich noch verfrüht sein. Es würde vielmehr die Betrachtung für $\nu = \frac{1}{2}$ einstweilen genügen.

Etwas anderes aber wäre es, wenn man ein dem Vierendeelträger ähnliches Tragsystem mit künstlichen Gelenken in den Pfosten ausbilden wollte. Dann könnte die Größe ν je nach Lage der Gelenke jeden beliebigen Wert zwischen 0 und 1 annehmen. Die Grundgesetze sind hierbei genau die gleichen wie beim Vierendeelträger. Die Gleichungen (8) bleiben hierfür bestehen, wie sich leicht nachweisen läßt. Aber das Verhältnis ϑ_4 der

Trägheitsmomente von Ober- und Untergurtquerschnitt ist nicht mehr direkt von ν abhängig. Es bleibt vielmehr — wie dies ja auch beim Vierendeelträger weiterhin der Fall sein muß — nur noch eine indirekte Abhängigkeit bestehen insoferne, als Flächen und Widerstandsmomente der Gurtquerschnitte den mit Lage der Gelenkpunkte entstehenden Kräftewirkungen so entsprechen müssen, daß die zulässigen Spannungsgrenzen nicht überschritten werden.

Um nun die Ergebnisse der weiteren Entwicklungen auch auf das vorbenannte Tragsystem mit künstlichen Gelenken in den Pfosten anwenden zu können, soll der allgemeine Wert ν für die Verteilungsgröße beibehalten werden.

5. Betrachtung des ganzen Tragsystems.

Die Bezeichnung der an und in dem System wirkenden Kräfte geht aus Abb. 5 hervor.

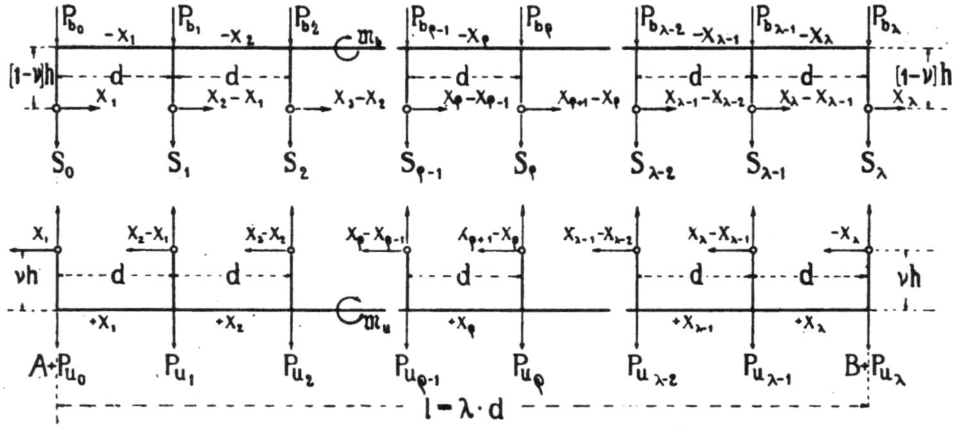

Abb. 5.

In den Gelenken der Pfosten wirken die Axialkräfte S_0, S_1, S_2, . . . $S_{\lambda-1}$, S_λ; und die Querkräfte X_1, $X_2 - X_1$, $X_3 - X_2$, ... $X_\lambda - X_{\lambda-1}$, $-X_\lambda$, wie sie sich aus den Differenzen der rechts und links vom jeweiligen Pfosten wirkenden Gurtkräfte X_1 und 0, X_2 und X_1 . . . . bilden.

Für die Axialkräfte S gelten die Ausdrücke der Gl. 8 und zwar

$$S_1 + P_{b\varrho} = (1 - \nu)(V_\varrho + P_\varrho) \text{ bzw. } S_3 + P_{b\varrho+1} = (1 - \nu)(V_{\varrho+1} + P_{\varrho+1})$$

wenn beachtet wird, daß nunmehr die Scherkräfte V aus den Gleichungen verschwinden, da sie als Querkräfte in die Gurten übergegangen sind und die Kräfte S der Zwischenpfosten nicht weiter beinflussen. Dagegen bleiben die Stützkräfte A und B in den Endpfosten wirksam.

An den einzelnen Knoten des Ober- und Untergurtes wirken sohin als äußere Vertikalkräfte:

am Obergurt:	am Untergurt:
$S_0 + P_{b0} = +(1-\nu)A + (1-\nu)P_0$;	$A + P_{u0} - S_0 = +\nu A + \nu P_0$;
$S_1 + P_{b1} = \qquad +(1-\nu)P_1$;	$P_{u1} - S_1 \qquad +\nu P_1$;
$S_2 + P_{b2} = \qquad +(1-\nu)P_2$;	$P_{u2} - S_2 \qquad +\nu P_2$;
. . . .	. . . .
$S_\lambda + P_\lambda = +(1-\nu)B + (1-\nu)P_\lambda$;	$B + P_{u\lambda} - S_\lambda = +\nu B + \nu P_\lambda$;

Die Einzelkräfte dieser beiden Gruppen stehen je unter sich im Gleichgewicht.

In einem beliebigen Punkt einer im Horizontalabstande x vom linkseitigen Trägerstützpunkt gedachten Vertikalen erzeugen die ausschließlich links (oder ausschließlich rechts) von dieser Vertikalen angreifenden Kräfte der einen bezw. der anderen Gruppe — gemäß der in Abschnitt 2 eingeführten Bezeichnung $\mathfrak{M}_p$ — das Moment

$$+ (1 - \nu)\mathfrak{M}_{px} \quad \text{bzw.} \quad + \nu \mathfrak{M}_{px}.$$

Liegt die gedachte Vertikale im Feld zwischen Knoten ϱ und $\varrho + 1$ und wird der Momentendrehpunkt in die Axe des Obergurtes bzw. des Untergurtes verlegt, so wirkt hier außer vorgenanntem Moment und zwar in gleicher Drehrichtung wie dieses noch das Moment

$$-(1 - \nu) X_{\varrho+1} h \quad \text{bzw.} \quad - \nu X_{\varrho+1} h.$$

Es wirken also in den Gurtaxen an Stelle x zwischen Knoten ϱ und $\varrho + 1$ die Gesamt-Momente

$$\mathfrak{M}_b = (1 - \nu)(\mathfrak{M}_{px} - X_{\varrho+1} h) \quad \text{und bzw.} \quad \mathfrak{M}_u = \nu(\mathfrak{M}_{px} - X_{\varrho+1} h) \quad (16)$$

Diese Ausdrücke stimmen mit den früher erhaltenen Gleichungen (2) überein.

Um nun zu einer klaren Gesetzmäßigkeit gelangen zu können, muß noch eine weitere Vereinfachung gemacht werden, nämlich die Annahme durchaus gleichen Querschnittes mit gleichem Trägheitsmoment je im Obergurt, Untergurt und in sämtlichen Pfosten.

Ohne solche Annahme würde man jeweilig in umständlicher Weise oder sogar mit bestimmten Zahlen entwickeln müssen, um schließlich die Gesetzmäßigkeit verschleiert oder in einem Zerrbilde zu erhalten, das jegliche Übersichtlichkeit vermissen läßt.

Es ist eben hier genau so wie beispielsweise bei den Einbiegungen eines gewöhnlichen freiaufliegenden Balkens, für welche sich der geometrische Ort der Einflußwerte nur dann in die einfachste mathematische Form — »das biquadratische Paraboloid« — fassen läßt, wenn der Balken durchaus konstantes Trägheitsmoment besitzt. Andernfalls verzerrt sich die den geometrischen Ort der Einflußwerte bildende räumliche Fläche.

Hinlänglich aber ist es bekannt, wie z. B. bei einem kontinuierlichen Balken der Wechsel des Trägheitsmomentes eine so untergeordnete Rolle spielt, daß insbesondere dann, wenn es sich um Parallelträger handelt, ebensogut ein konstantes Trägheitsmoment der Rechnung zur Ermittlung der statisch unbestimmten Größen zugrunde gelegt werden darf. Hieraus läßt sich der Schluß ziehen, daß dies beim Vierendeelträger um so mehr der Fall ist, als hier der Wechsel des Trägheitsmomentes infolge der gleichzeitigen und sich gegenseitig ergänzenden Wirkung der Axialkräfte und Biegungsmomente nicht einmal so groß sein kann wie beim vollwandigen Balkenträger oder beim Fachwerkträger. Übrigens ließe sich der Beweis hierfür aus gewissen Zahlenbeispielen ebenso erbringen wie beim kontinuierlichen Träger. Viel zu weit aber würde es führen, diesbezügliche Vergleichsberechnungen in die vorliegende Abhandlung einzuschalten, weshalb hiervon Umgang genommen und als Grundlage für die weitere Betrachtung konstante Querschnittsfläche mit konstantem Trägheitsmoment je in Obergurt, Untergurt und Pfosten vorausgesetzt werden soll. Ebenso für alle Teile des Trägers durchaus gleicher Elastizitätsmodul ε.

Es sei also:

für den Obergurt die Querschnittsfläche $= F_b$, das Trägheitsmoment $= \Theta_b$
» » Untergurt » » $= F_u$, » » $= \Theta_u$
» die Pfosten » » $= F_1$, » » $= \Theta_1$

Setzt man zur Vereinfachung der Schreibweise

$$\frac{\Theta_b}{\Theta_u} = \vartheta; \quad \frac{\Theta_b}{\Theta_1} = \vartheta_1; \quad \left(\frac{\Theta_b}{F_b} + \frac{\Theta_b}{F_u}\right) = \varphi; \quad \frac{\Theta_b}{F_1} = \varphi_1$$

und läßt man aus gleichem Grunde in den Ausdrücken $\mathfrak{M}_{px}$ die Indizes p_x weg, nachdem in der Arbeitsgleichung das jeweilige Feld, in welchem das Moment $\mathfrak{M}_{px} = \mathfrak{M}$ wirkt, ohnehin durch die Integralgrenzen gekennzeichnet ist, so bildet sich für die Arbeit $\mathfrak{A}$ die Gleichung:

$$2\varepsilon\Theta_b \cdot \mathfrak{A} = [(1-\nu)^2 + \vartheta\nu^2]\left\{\int_0^{1d}(\mathfrak{M} - X_1 h)^2 dx + \int_{1d}^{2d}(\mathfrak{M} - X_2 h)^2 dx + \ldots \ldots \int_{(\lambda-1)d}^{\lambda d}(\mathfrak{M} - X_\lambda h)^2 dx\right\}$$
$$+ \vartheta_1 \int_0^h (y - \nu h)^2 dy \left\{X_1^2 + (X_2 - X_1)^2 + (X_3 - X_2)^2 + \ldots\ldots (X_\lambda - X_{\lambda-1})^2 + X_\lambda^2\right\}$$
$$+ \varphi d\left\{X_1^2 + X_2^2 + X_3^2 + \ldots\ldots X_{\lambda-1}^2 + X_\lambda^2\right\}$$
$$+ \varphi_1 h\left\{S_0^2 + S_1^2 + S_2^2 + \ldots\ldots S_{\lambda-1}^2 + S_\lambda^2\right\}$$

Es ist aber $\int_0^h (y - \nu h)^2 dy = \frac{(1-\nu)^3 + \nu^3}{3} h^3$ und vorstehende Arbeitsgleichung läßt sich auch schreiben:

$$\frac{3}{[(1-\nu)^3 + \nu^3]\vartheta_1 h^3}(2\varepsilon\Theta_b \cdot \mathfrak{A}) = \frac{3[(1-\nu)^2 + \vartheta\nu^2]}{[(1-\nu)^3 + \nu^3]\vartheta_1 h^3}\left\{\int_0^{1d}(\mathfrak{M} - X_1 h)^2 dx\right.$$
$$\left.+ \int_{1d}^{2d}(\mathfrak{M} - X_2 h)^2 dx + \ldots\ldots \int_{(\lambda-1)d}^{\lambda d}(\mathfrak{M} - X_\lambda h)^2 dx\right\} + \left\{X_1^2 + (X_2 - X_1)^2 + (X_3 - X_2)^2\right.$$
$$\left.+ \ldots\ldots (X_\lambda - X_{\lambda-1})^2 + X_\lambda^2\right\}$$
$$+ \frac{3\varphi d}{[(1-\nu)^3 + \nu^3]\vartheta_1 h^3}\left\{X_1^2 + X_2^2 + X_3^2 + \ldots\ldots X_{\lambda-1}^2 + X_\lambda^2\right\}$$
$$+ \frac{3\varphi_1 h}{[(1-\nu)^3 + \nu^3]\vartheta_1 h^3}\left\{S_0^2 + S_1^2 + S_2^2 + \ldots\ldots S_{\lambda-1}^2 + S_\lambda^2\right\} \quad (17)$$

Die Ableitungen dieser Arbeitsgleichung nach X_1, X_2, $X_3 \ldots\ldots X_\lambda$ ergeben die Gleichungen:

$$\left.\begin{aligned}
-\frac{3[(1-\nu)^2 + \vartheta\nu^2]}{[(1-\nu)^3 + \nu^3]\vartheta_1 h} \cdot \int_0^{1d}[\mathfrak{M}]dx - 0 + (2+\chi)X_1 - X_2 &= 0\\
\text{»} \qquad \cdot \int_{1d}^{2d}[\mathfrak{M}]dx - X_1 + (2+\chi)X_2 - X_3 &= 0\\
\text{»} \qquad \int_{2d}^{3d}[\mathfrak{M}]dx - X_2 + (2+\chi)X_3 - X_4 &= 0\\
\ldots\ldots\ldots\ldots\ldots\ldots\ldots\ldots\ldots\ldots\ldots\ldots &\\
\text{»} \qquad \int_{(\lambda-2)d}^{(\lambda-1)d}[\mathfrak{M}]dx - X_{\lambda-2} + (2+\chi)X_{\lambda-1} - X_\lambda &= 0\\
\text{»} \qquad \int_{(\lambda-1)d}^{\lambda d}[\mathfrak{M}]dx - X_{\lambda-1} + (2+\chi)X_\lambda - 0 &= 0
\end{aligned}\right\} \quad \ldots (18)$$

Hierin ist

$$\chi = \frac{3d}{\vartheta_1 h} \cdot \frac{[(1-\nu)^2 + \vartheta\nu^2] + \frac{\varphi}{h^2}}{[(1-\nu)^3 + \nu^3]} \quad \ldots\ldots (19)$$

Zu einer ähnlichen Form der Gleichungen (18) gelangte unter Vernachlässigung des Einflusses der Axialkräfte in den Gurten und unter Voraussetzung gleichen Trägheitsmomentes sowohl für Gurten wie Pfosten: Frandsen in seiner Abhandlung: »Zur Theorie der Vierendeelträger« (Beton und Eisen, 1909, S. 383). Für die Auflösung der Gleichungen gibt er ein Näherungsverfahren an, das wohl für einfacher gelagerte Fälle zu einem brauchbaren Ergebnis führen, aber dann versagen dürfte, wenn es sich um eine größere Reihe von Feldern und um Darstellung der Größen X in Einflußlinien handelt.

Es soll nun die genaue Auflösung der Gleichungen folgen.

6. Entwicklung der Formeln für die Axialkräfte in den Gurten.

Um die Entwicklung der Formeln für die Einflußlinien der Größen X möglichst übersichtlich bringen zu können, muß eine einfache Schreibweise eingeführt werden.

Zunächst ist zu beachten, daß die Integralausdrücke

$$\int_0^{1d}[\mathfrak{M}]\,dx; \quad \int_{1d}^{2d}[\mathfrak{M}]\,dx \;.\;.\;.\;.\;.$$

den Vorausannahmen entsprechend, nichts anderes sind als die arithmetischen Mittel aus den an den Stellen der jeweiligen Integralgrenzen wirkenden Momente $\mathfrak{M}_\varrho = \mathfrak{M}_{p\varrho}$ multipliziert mit der Feldweite d. Also

$$\int_0^{1d}[\mathfrak{M}]\,dx = (\mathfrak{M}_0 + \mathfrak{M}_1)\frac{d}{2}$$

$$\int_{1d}^{2d}[\mathfrak{M}]\,dx = (\mathfrak{M}_1 + \mathfrak{M}_2)\frac{d}{2}$$

$$. \quad . \quad . \quad . \quad . \quad . \quad . \quad . \quad . \quad . \quad .$$

$$\int_{(\lambda-1)d}^{\lambda d}[\mathfrak{M}]\,dx = (\mathfrak{M}_{\lambda-1} + \mathfrak{M}_\lambda)\frac{d}{2}.$$

Es soll daher gesetzt werden

$$\left.\begin{aligned} -\frac{3\,[(1-\nu)^2+\vartheta\,\nu^2]}{[(1-\nu)^3+\nu^3]\,\vartheta_1 h^2}\cdot(\mathfrak{M}_0+\mathfrak{M}_1)\,\frac{d}{2} &= a_1\\ \text{,,} \qquad\qquad \cdot(\mathfrak{M}_1+\mathfrak{M}_2)\,\frac{d}{2} &= a_2\\ .\;.\;.\;.\;.\;.\;.\;\qquad .\;.\;.\;.\;.\;.\;.\;. &\\ \text{,,} \qquad\qquad \cdot(\mathfrak{M}_{\lambda-1}+\mathfrak{M}_\lambda)\,\frac{d}{2} &= a_\lambda \end{aligned}\right\} \quad .\;.\;.\;(20)$$

Ferner soll vorläufig geschrieben werden

$$x_1 \text{ statt } X_1;\quad x_2 \text{ statt } X_2 \;.\;.\;.\;.\;.\;.\;.\; x_\lambda \text{ statt } X_\lambda \quad .\;.\;.\;(21)$$

Mit diesen Beziehungen entstehen aus den Gleichungen (18) die Urgleichungen:

$$\left.\begin{aligned} a_1 - 0 \quad &+ (2+\chi)\,x_1 \quad - x_2 = 0\\ a_2 - x_1 \quad &+ (2+\chi)\,x_2 \quad - x_3 = 0\\ a_3 - x_2 \quad &+ (2+\chi)\,x_3 \quad - x_4 = 0\\ .\;.\;.\;.\;.\;.\;. &\;.\;.\;.\;.\;.\;.\;.\;.\;.\\ a_{\lambda-1} - x_{\lambda-2} &+ (2+\chi)\,x_{\lambda-1} - x_\lambda = 0\\ a_\lambda - x_{\lambda-1} &+ (2+\chi)\,x_\lambda \quad - 0 = 0 \end{aligned}\right\} \quad .\;.\;.\;.\;(22)$$

Der Schlüssel zu einer leicht übersichtlichen Lösung dieser Gleichungen liegt in Umformung der Gleichungen in Reihen und Anwendung der aus dem Gesetze der äußeren Kräfte sich ergebenden besonderen Reihe

$$a_1 - a_2 + a_3 - a_4 + a_5 - \ldots\ldots \mp a_\lambda = 0 \quad \ldots\ldots \quad (23)$$

Hierin gilt für das Schlußglied a_λ das Vorzeichen (—), wenn λ eine gerade Zahl und das Vorzeichen (+), wenn λ eine ungerade Zahl ist. Die Richtigkeit der Gleichung (23) ergibt sich ohne weiteres, wenn man sich vergegenwärtigt, daß die Werte $\mathfrak{M}_0$ und $\mathfrak{M}_\lambda$ je $= 0$ sind.

Durch Umformung der Urgleichungen (22) in Reihen erhält man die Grundgleichungen:

$$\left.\begin{aligned}
x_1 &= 1 x_1 \ldots\ldots\ldots\ldots\ldots\ldots\ldots + \chi \cdot 0 \\
x_2 &= 2 x_1 + 1 a_1 \ldots\ldots\ldots\ldots\ldots + \chi \cdot [1 x_1] \\
x_3 &= 3 x_1 + 2 a_1 + 1 a_2 \ldots\ldots\ldots\ldots + \chi \cdot [2 x_1 + 1 x_2] \\
x_4 &= 4 x_1 + 3 a_1 + 2 a_2 + 1 a_3 \ldots\ldots\ldots + \chi \cdot [3 x_1 + 2 x_2 + 1 x_3] \\
x_5 &= 5 x_1 + 4 a_1 + 3 a_2 + 2 a_3 + 1 a_4 \ldots + \chi \cdot [4 x_1 + 3 x_2 + 2 x_3 + 1 x_4] \\
&\ldots\ldots\ldots\ldots\ldots\ldots\ldots\ldots\ldots\ldots\ldots\ldots
\end{aligned}\right\} \quad (24)$$

Werden alle Größen x_ϱ der rechten Seite nacheinander als Funktionen von x_1 entwickelt und eingesetzt, so erhält man die Grundgleichungen in folgender Form:

$$\begin{aligned}
x_1 &= x_1 [1] \\
x_2 &= x_1 [2 + 1 \chi] \ldots\ldots\ldots + a_1 [1] \\
x_3 &= x_1 [3 + 4 \chi + 1 \chi^2] \ldots\ldots + a_1 [2 + 1 \chi] \ldots\ldots + a_2 [1] \\
x_4 &= x_1 [4 + 10 \chi + 6 \chi^2 + 1 \chi^3] \ldots + a_1 [3 + 4 \chi + 1 \chi^2] \ldots + a_2 [2 + 1 \chi] \ldots + a_3 [1] \\
&\ldots\ldots\ldots\ldots\ldots\ldots\ldots\ldots\ldots\ldots\ldots\ldots \quad (25)
\end{aligned}$$

Aus den in den Gleichungen (25) senkrecht untereinander erscheinenden Zahlen erkennt man das Gesetz der arithmetischen Reihe höherer Ordnung Bei näherer Betrachtung findet man diese Reihen von ungerader Ordnungsziffer n und so beschaffen, daß die Anfangsglieder der Differenzreihen je einer Hauptreihe die zur jeweiligen Ordnungsziffer n gehörigen Binomial-Koeffizienten darstellen.

Es lassen sich sohin die Hauptreihen in einfachster Weise beliebig weit entwickeln. Einen Überblick zeigt folgende Tabelle:

$n=1$	$n=3$	$n=5$	$n=7$	$n=9$	$n=11$	$n=13$	$n=15$	$n=17$	Quer-summe	
.	.	.	.	.	.	.	.	.		
.	.	.	.	.	.	.	.	.		
1	.	.	.	.	.	.	.	.	1	
2	1	.	.	.	.	.	.	.	3	
3	4	1	.	.	.	.	.	.	8	
4	10	6	1	.	.	.	.	.	21	(26)
5	20	21	8	1	.	.	.	.	55	
6	35	56	36	10	1	.	.	.	144	
7	56	126	120	55	12	1	.	.	377	
8	84	252	330	220	78	14	1	.	987	
9	120	462	792	715	364	105	16	1	2584	
.	.	.	.	.	.	.	.	.	.	

Werden nun die Glieder der Reihen in den Gleichungen (25) mit β_ϱ und deren Summen mit $\Sigma\beta_\varrho$ bezeichnet, also:

$$\left.\begin{array}{ll}
\beta_1 = 1 & \Sigma\beta_1 = 1 \\
\beta_2 = 2 + 1\chi & \Sigma\beta_2 = 3 + 1\chi \\
\beta_3 = 3 + 4\chi + 1\chi^2 & \Sigma\beta_3 = 6 + 5\chi + 1\chi^2 \\
\beta_4 = 4 + 10\chi + 6\chi^2 + 1\chi^3 & \Sigma\beta_4 = 10 + 15\chi + 7\chi^2 + 1\chi^3 \\
\beta_5 = 5 + 20\chi + 21\chi^2 + 8\chi^3 + 1\chi^4 & \Sigma\beta_5 = 15 + 35\chi + 28\chi^2 + 9\chi^3 + 1\chi^4 \\
\ldots\ldots\ldots & \ldots\ldots\ldots
\end{array}\right\} (27)^{*)}$$

wobei nun in den senkrecht untereinander stehenden Zahlen der Ausdrücke $\Sigma\beta_\varrho$ die arithmetischen Reihen mit gerader Ordnungsziffer erscheinen, so findet man ganz allgemein die Beziehung:

$$\beta_{\varrho+1} - \beta_\varrho = 1 + \chi\Sigma\beta_\varrho \quad \ldots\ldots\ldots \quad (28)$$

Bildet man Reihen aus abwechselnd positiven und negativen Gliedern β und bezeichnet man deren Summe mit $\Delta\beta_\varrho$, also:

$$\left.\begin{array}{ll}
\Delta\beta_1 = +\beta_1 & = +[1] \\
\Delta\beta_2 = +\beta_1 - \beta_2 & = -[1 + 1\chi] \\
\Delta\beta_3 = +\beta_1 - \beta_2 + \beta_3 & = +[2 + 3\chi + 1\chi^2] \\
\Delta\beta_4 = +\beta_1 - \beta_2 + \beta_3 - \beta_4 & = -[2 + 7\chi + 5\chi^2 + 1\chi^3] \\
\Delta\beta_5 = +\beta_1 - \beta_2 + \beta_3 - \beta_4 + \beta_5 & = +[3 + 13\chi + 16\chi^2 + 7\chi^3 + 1\chi^4] \\
\ldots\ldots\ldots & \ldots\ldots\ldots
\end{array}\right\}. \quad (29)$$

so findet man ganz allgemein die Beziehungen

$$\left.\begin{array}{l}
\beta_{\varrho+1} + \beta_\varrho = +[1 - (4 + \chi)\Delta\beta_\varrho] \text{ wenn } \varrho \text{ eine gerade Zahl,} \\
\beta_{\varrho+1} + \beta_\varrho = -[1 - (4 + \chi)\Delta\beta_\varrho] \text{ wenn } \varrho \text{ eine ungerade Zahl}
\end{array}\right\}. \quad (30)$$

Die einfachen Beziehungen (28) und (30) dienen zur Auflösung der Grundgleichungen (25), die nun mit Einführung der Werte β lauten:

$$\left.\begin{array}{l}
x_1 = \beta_1 x_1 \\
x_2 = \beta_2 x_1 + \beta_1 a_1 \\
x_3 = \beta_3 x_1 + \beta_2 a_1 + \beta_1 a_2 \\
x_4 = \beta_4 x_1 + \beta_3 a_1 + \beta_2 a_2 + \beta_1 a_3 \\
x_5 = \beta_5 x_1 + \beta_4 a_1 + \beta_3 a_2 + \beta_2 a_3 + \beta_1 a_4 \\
\ldots\ldots\ldots
\end{array}\right\} \quad \ldots \quad (31)$$

Durch Summation der Urgleichungen (22) erhält man die Hilfsgleichung

$$\sum_1^\lambda a_\varrho + (x_1 + x_\lambda) + \chi\sum_1^\lambda x_\varrho = 0$$

und wenn die linken Seiten der Urgleichungen (22) abwechselnd positiv und negativ eingeführt und die aus den abwechselnd positiven und negativen Gliedern x_ϱ und bzw. a_ϱ gebildeten Reihen mit $\overset{\lambda}{\underset{1}{\Delta}} x$ und bzw. $\overset{\lambda}{\underset{1}{\Delta}} a$ bezeichnet werden, also:

$$\left.\begin{array}{l}
x_1 - x_2 + x_3 - x_4 + x_5 - \ldots\ldots\ldots x_\lambda = \overset{\lambda}{\underset{1}{\Delta}} x_\varrho \\
a_1 - a_2 + a_3 - a_4 + a_5 - \ldots\ldots\ldots a_\lambda = \overset{\lambda}{\underset{1}{\Delta}} a_\varrho
\end{array}\right\}. \quad (32)$$

erhält man die weiteren Hilfsgleichungen:

$$\overset{\lambda}{\underset{1}{\Delta}} a - (x_1 - x_\lambda) + (4 + \chi)\overset{\lambda}{\underset{1}{\Delta}} x_\varrho = 0 \text{ wenn } \lambda \text{ eine gerade Zahl}$$

$$\overset{\lambda}{\underset{1}{\Delta}} a - (x_1 + x_\lambda) + (4 + \chi)\overset{\lambda}{\underset{1}{\Delta}} x_\varrho = 0 \text{ wenn } \lambda \text{ eine ungerade Zahl.}$$

Nun ist aber nach Gleichung (23): $\overset{\lambda}{\underset{1}{\Delta}} a = 0$.

*) Interessant an den Reihen mit den Gliedern β und $\Sigma\beta$ ist die Gestaltung der Differenzreihen, deren Gesetze eine leichte Kontrolle ermöglichen.

Die **Hilfsgleichungen** lauten sohin:

$$\left.\begin{aligned}&(x_1 - x_\lambda) - (4+\chi)\overset{\lambda}{\underset{1}{\Delta}} x_\varrho = 0 \text{ wenn } \lambda \text{ eine gerade Zahl}\\ &(x_1 + x_\lambda) - (4+\chi)\overset{\lambda}{\underset{1}{\Delta}} x_\varrho = 0 \text{ wenn } \lambda \text{ eine ungerade Zahl}\\ \text{und}\quad &(x_1 + x_\lambda) + \chi\sum_1^\lambda x_\varrho + \sum_1^\lambda a_\varrho = 0 \text{ für } \lambda \text{ eine gerade oder ungerade Zahl}\end{aligned}\right\} \quad (33)$$

Nun ist aus den Grundgleichungen (31)

$$\left.\begin{aligned}\sum_1^\lambda x_\varrho &= x_1 \Sigma\beta_\lambda + a_1 \Sigma\beta_{\lambda-1} + a_2 \Sigma\beta_{\lambda-2} + \ldots\ldots + a_{\lambda-2}\Sigma\beta_2 + a_{\lambda-1}\Sigma\beta_1\\ \overset{\lambda}{\underset{1}{\Delta}} x_\varrho &= x_1 \Delta\beta_\lambda - a_1 \Delta\beta_{\lambda-1} + a_2 \Delta\beta_{\lambda-2} - \ldots\ldots\ldots\ldots\ldots\ldots a_{\lambda-1}\Delta\beta_1\end{aligned}\right\} \quad (34)$$

Von jetzt ab soll der leichteren Übersichtlichkeit wegen für λ eine bestimmte Zahl eingeführt werden, z. B.

$$\underline{\lambda = 7}$$

Hierfür ist aus Gleich. (34):

$$\sum_1^7 x_\varrho = x_1 \Sigma\beta_7 + a_1\Sigma\beta_6 + a_2\Sigma\beta_5 + a_3\Sigma\beta_4 + a_4\Sigma\beta_3 + a_5\Sigma\beta_2 + a_6\Sigma\beta_1.$$

Wird dieser Wert eingesetzt in die Hilfsgleichung (33):

$$x_1 + x_7 + \chi\sum_1^7 x_\varrho + \sum_1^7 a_\varrho = 0$$

und wird zugleich beachtet, daß nach Gleichung (28):

$$\chi\Sigma\beta_\varrho = \beta_{\varrho+1} - \beta_\varrho - 1$$

so erhält man die Gleichung

$$\text{(I)}\quad x_7 + (\beta_8 - \beta_7)x_1 + (\beta_7 - \beta_6)a_1 + (\beta_6 - \beta_5)a_2 + (\beta_5 - \beta_4)a_3 + (\beta_4 - \beta_3)a_4 + (\beta_3 - \beta_2)a_5 + (\beta_2 - \beta_1)a_6 + (\beta_1 - 0)a_7 = 0$$

Aus Gleichung (34) ist weiter:

$$\overset{7}{\underset{1}{\Delta}} x_\varrho = x_1\Delta\beta_7 - a_1\Delta\beta_6 + a_2\Delta\beta_5 - a_3\Delta\beta_4 + a_4\Delta\beta_3 - a_5\Delta\beta_2 + a_6\Delta\beta_1.$$

Wird nun dieser Wert eingesetzt in die Hilfsgleichung (28):

$$x_1 + x_7 - (4+\chi)\overset{7}{\underset{1}{\Delta}} x_\varrho = 0$$

und wird zugleich beachtet, daß nach Gleichung (30)

$$(4+\chi)\Delta\beta_\varrho = -(\beta_{\varrho+1} + \beta_\varrho) + 1 \text{ für } \varrho \text{ eine gerade Zahl}$$
$$\text{und } (4+\chi)\Delta\beta_\varrho = +(\beta_{\varrho+1} + \beta_\varrho) + 1 \text{ für } \varrho \text{ eine ungerade Zahl,}$$

so erhält man die Gleichung

$$\text{(II)}\quad x_7 - (\beta_8 + \beta_7)x_1 - (\beta_7 + \beta_6)a_1 - (\beta_6 + \beta_5)a_2 - (\beta_5 + \beta_4)a_3 - (\beta_4 + \beta_3)a_4 - (\beta_3 + \beta_2)a_5 - (\beta_2 + \beta_1)a_6 - (\beta_1 + 0)a_7 = 0.$$

Die Differenz der beiden Gleichungen (I) und (II) gibt:

$$\beta_8 x_1 + \beta_7 a_1 + \beta_6 a_2 + \beta_5 a_3 + \beta_4 a_4 + \beta_3 a_5 + \beta_2 a_6 + \beta_1 a_7 = 0 \quad . \quad (35)$$

Werden von nun ab wieder für a und x die wirklichen Größen nach Maßgabe der Ausdrücke Ziff. 20 und 21 eingeführt und wird zur Vereinfachung gesetzt:

$$c = +\frac{3}{2}\,\frac{d}{\vartheta_1 h^2}\,\frac{(1-\nu)^2 + \vartheta\nu^2}{(1-\nu)^3 + \nu^3} \quad \ldots\ldots \quad (36)$$

woraus sich für den **Vierendeel-Träger** bei $\vartheta = 1$ und $\nu = \frac{1}{2}$ $\quad c = +\frac{3\,d}{\vartheta_1 h^2}$ ergibt, so erhält man aus Gl. 35 die Formel für die Kraft X_1:

$$X_1 = \frac{c}{\beta_8}\left[(\beta_7 + \beta_6)\mathfrak{M}_1 + (\beta_6 + \beta_5)\mathfrak{M}_2 + (\beta_5 + \beta_4)\mathfrak{M}_3 + (\beta_4 + \beta_3)\mathfrak{M}_4 + (\beta_3 + \beta_2)\mathfrak{M}_5 + (\beta_2 + \beta_1)\mathfrak{M}_6\right] \quad \ldots\ldots\ldots \quad (37)$$

Die Größen $\mathfrak{M}_0$ und $\mathfrak{M}_7$ erscheinen nicht in der Gleichung, weil sie an sich je = 0 sind.

Mit Hilfe der nunmehr für die Größe X_1 erhaltenen Formel entwickeln sich die Formeln für die übrigen Größen X_ϱ aus den Grundgleichungen 31.

Wird beachtet, daß die Gl. 35, in welcher nun gemäß Ziff. 21 wieder X_1 an Stelle der Größe x_1 tritt, sich nicht ändert, wenn sämtlichen Gliedern, um die Gesetzmäßigkeit klar zum Ausdruck zu bringen, der Faktor $\beta_1 = 1$ beigefügt wird, so lauten die Gleichungen für die einzelnen Größen X_ϱ wie folgt:

$$X_1 = -\frac{1}{\beta_8}\,[\beta_1\beta_7 a_1 + \beta_1\beta_6 a_2 + \beta_1\beta_5 a_3 + \beta_1\beta_4 a_4 + \beta_1\beta_3 a_5 + \beta_1\beta_2 a_6 + \beta_1\beta_1 a_7]$$

$$X_2 = -\frac{1}{\beta_8}\,[(\beta_2\beta_7 - \beta_1\beta_8)\,a_1 + \beta_2\beta_6 a_2 + \beta_2\beta_5 a_3 + \beta_2\beta_4 a_4 + \beta_2\beta_3 a_5 + \beta_2\beta_2 a_6 + \beta_2\beta_1 a_7]$$

$$X_3 = -\frac{1}{\beta_8}\,[(\beta_3\beta_7 - \beta_2\beta_8)\,a_1 + (\beta_3\beta_6 - \beta_1\beta_8)\,a_2 + \beta_3\beta_5 a_3 + \beta_3\beta_4 a_4 + \beta_3\beta_3 a_5 + \beta_3\beta_2 a_6 + \beta_3\beta_1 a_7]$$

. . . .

. . . .

Nun findet sich eine Merkwürdigkeit. Es ist nämlich:

$$\beta_2\beta_7 - \beta_1\beta_8 = \beta_1\beta_6$$
$$\beta_3\beta_7 - \beta_2\beta_8 = \beta_1\beta_5$$
$$\beta_3\beta_6 - \beta_1\beta_8 = \beta_2\beta_5$$

. . . .

Die Gleichungen der Größen X lauten dann

$$X_1 = -\frac{1}{\beta_8}\,[\underline{\beta_1\beta_7 a_1} + \beta_1\beta_6 a_2 + \beta_1\beta_5 a_3 + \beta_1\beta_4 a_4 + \beta_1\beta_3 a_5 + \beta_1\beta_2 a_6 + \beta_1\beta_1 a_7]$$

$$X_2 = -\frac{1}{\beta_8}\,[\beta_1\beta_6 a_1 + \underline{\beta_2\beta_6 a_2} + \beta_2\beta_5 a_3 + \beta_2\beta_4 a_4 + \beta_2\beta_3 a_5 + \beta_2\beta_2 a_6 + \beta_2\beta_1 a_7]$$

$$X_3 = -\frac{1}{\beta_8}\,[\beta_1\beta_5 a_1 + \beta_2\beta_5 a_2 + \underline{\beta_3\beta_5 a_3} + \beta_3\beta_4 a_4 + \beta_3\beta_3 a_5 + \beta_3\beta_2 a_6 + \beta_3\beta_1 a_7]$$

. . . . (38)

Werden nun hierin die Größen a_ϱ nach Maßgabe der Gl. 20 und 36 eingesetzt, nämlich

$$a_\varrho = -\mathfrak{c}\,(\mathfrak{M}_{\varrho-1} + \mathfrak{M}_\varrho)$$

so erhalten sämtliche Glieder der Gleichungen positives Vorzeichen. Die Gesetzmäßigkeit dieser Glieder kommt in folgender Tabelle übersichtlich zum Ausdruck.

		Gleichbleibende Faktoren der Glieder in den Vertikalspalten					
β_8		$\mathfrak{c}\cdot\mathfrak{M}_1$	$\mathfrak{c}\cdot\mathfrak{M}_2$	$\mathfrak{c}\cdot\mathfrak{M}_3$	$\mathfrak{c}\cdot\mathfrak{M}_4$	$\mathfrak{c}\cdot\mathfrak{M}_5$	$\mathfrak{c}\cdot\mathfrak{M}_6$
X_1	=	$\underline{\beta_1(\beta_7+\beta_6)}$	$\beta_1(\beta_6+\beta_5)$	$\beta_1(\beta_5+\beta_4)$	$\beta_1(\beta_4+\beta_3)$	$\beta_1(\beta_3+\beta_2)$	$\beta_1(\beta_2+\beta_1)$
X_2	=	$\beta_6(\beta_1+\beta_2)$	$\underline{\beta_2(\beta_6+\beta_5)}$	$\beta_2(\beta_5+\beta_4)$	$\beta_2(\beta_4+\beta_3)$	$\beta_2(\beta_3+\beta_2)$	$\beta_2(\beta_2+\beta_1)$
X_3	=	$\beta_5(\beta_1+\beta_2)$	$\beta_5(\beta_2+\beta_3)$	$\underline{\beta_3(\beta_5+\beta_4)}$	$\beta_3(\beta_4+\beta_3)$	$\beta_3(\beta_3+\beta_2)$	$\beta_3(\beta_2+\beta_1)$
X_4	=	$\beta_4(\beta_1+\beta_2)$	$\beta_4(\beta_2+\beta_3)$	$\beta_4(\beta_3+\beta_4)$	$\underline{\beta_4(\beta_4+\beta_3)}$	$\beta_4(\beta_3+\beta_2)$	$\beta_4(\beta_2+\beta_1)$
X_5	=	$\beta_3(\beta_1+\beta_2)$	$\beta_3(\beta_2+\beta_3)$	$\beta_3(\beta_3+\beta_4)$	$\beta_7(\beta_4+\beta_5)$	$\underline{\beta_5(\beta_3+\beta_2)}$	$\beta_5(\beta_2+\beta_1)$
X_6	=	$\beta_2(\beta_1+\beta_2)$	$\beta_2(\beta_2+\beta_3)$	$\beta_2(\beta_3+\beta_4)$	$\beta_2(\beta_4+\beta_5)$	$\beta_2(\beta_5+\beta_6)$	$\underline{\beta_6(\beta_2+\beta_1)}$
X_7	=	$\beta_1(\beta_1+\beta_2)$	$\beta_1(\beta_2+\beta_3)$	$\beta_1(\beta_3+\beta_4)$	$\beta_1(\beta_4+\beta_5)$	$\beta_1(\beta_5+\beta_6)$	$\beta_1(\beta_6+\beta_7)$

(39)

Hiernach können nunmehr für jede beliebige andere Zahl λ die **Schlußgleichungen** sofort angeschrieben werden. Sie lauten:

$$X_1 = + \frac{c}{\beta_{\lambda+1}} [\underline{\beta_1 (\beta_\lambda + \beta_{\lambda-1}) \mathfrak{M}_1} + \beta_1 (\beta_{\lambda-1} + \beta_{\lambda-2}) \mathfrak{M}_2 + \beta_1 (\beta_{\lambda-2} + \beta_{\lambda-3}) \mathfrak{M}_3 + \ldots\ldots + \beta_1 (\beta_2 + \beta_1) \mathfrak{M}_{\lambda-1}]$$

$$X_2 = + \frac{c}{\beta_{\lambda+1}} [\beta_{\lambda-1} (\beta_1 + \beta_2) \mathfrak{M}_1 + \underline{\beta_2 (\beta_{\lambda-1} + \beta_{\lambda-2}) \mathfrak{M}_2} + \beta_2 (\beta_{\lambda-2} + \beta_{\lambda-3}) \mathfrak{M}_3 + \ldots\ldots + \beta_2 (\beta_2 + \beta_1) \mathfrak{M}_{\lambda-1}]$$

$$X_3 = + \frac{c}{\beta_{\lambda+1}} [\beta_{\lambda-2} (\beta_1 + \beta_2) \mathfrak{M}_1 + \beta_{\lambda-2} (\beta_2 + \beta_3) \mathfrak{M}_2 + \underline{\beta_3 (\beta_{\lambda-2} + \beta_{\lambda-3}) \mathfrak{M}_3} + \ldots\ldots + \beta_3 (\beta_2 + \beta_1) \mathfrak{M}_{\lambda-1}]$$

u. s. f. . . . . (40)

Besonders einfach und mit ganzen Zahlen gestaltet sich die Lösung, wenn $\chi = 1$ gesetzt werden kann, was man durch entsprechende Wahl der Größen, aus denen sich der Ausdruck Ziffer 19

$$\chi = \frac{3d}{\vartheta_1 h} \cdot \frac{[(1-\nu)^2 + \vartheta \nu^2] + \frac{\varphi}{h^2}}{[(1-\nu)^3 + \nu^3]}$$

zusammensetzt, einigermaßen in der Hand hat. Die Werte β sind dann nichts anderes als die Quersummen aus den Reihen Ziffer 26.

Übrigens genügt auch **allgemein** schon die Kenntnis der Werte $\underline{\beta_1}$ und $\underline{\beta_2}$, und zwar

$$\beta_1 = 1 \text{ und } \beta_2 = 2 + \chi \quad \ldots\ldots\ldots \quad (41)$$

allein, um hieraus die ganze Reihe der Größen β sofort entwickeln zu können. Es bestehen nämlich, wie man sich leicht überzeugen kann, die einfachen Beziehungen

$$\left.\begin{array}{l} \beta_{(2\varrho+1)} = (\beta_{\varrho+1} + \beta_\varrho)(\beta_{\varrho+1} - \beta_\varrho), \text{ wobei } (2\varrho + 1) \text{ stets eine ungerade Zahl} \\ \text{und } \beta_{(2\varrho)} = \beta_\varrho (\beta_{\varrho+1} - \beta_{\varrho-1}), \text{ wobei } (2\varrho) \text{ stets eine gerade Zahl} \end{array}\right\} \quad (42)$$

Mit Hilfe dieser Formeln lassen sich aus den vorausgehenden Werten β die nachfolgenden leicht bestimmen.

Beispielsweise ist nach Ziffer 41 für $\chi = 1$: $\beta_1 = 1$ und $\beta_2 = 3$. Es ergibt sich sohin

$$\beta_3 = \beta_{(2\varrho+1)\,\text{für}\,\varrho=1} = (\beta_2 + \beta_1)(\beta_2 - \beta_1) = (3 + 1)(3 - 1) = 8$$
$$\beta_4 = \beta_{(2\varrho)\,\text{für}\,\varrho=2} = \beta_2 (\beta_3 - \beta_1) = 3 (8 - 1) = 21$$

usf.

In nachstehender Tabelle sind weitere Werte β für $\chi = 1$ verzeichnet.

$\beta_1 = 1$		
$\beta_2 = 3$	$\beta_1 + \beta_2 = 4$	
$\beta_3 = 8$	$\beta_2 + \beta_3 = 11$	
$\beta_4 = 21$	$\beta_3 + \beta_4 = 29$	
$\beta_5 = 55$	$\beta_4 + \beta_5 = 76$	
$\beta_6 = 144$	$\beta_5 + \beta_6 = 199$	
$\beta_7 = 377$	$\beta_6 + \beta_7 = 521$	. . . . (43)
$\beta_8 = 987$	$\beta_7 + \beta_8 = 1364$	
$\beta_9 = 2584$	$\beta_8 + \beta_9 = 3571$	
$\beta_{10} = 6765$	$\beta_9 + \beta_{10} = 9349$	
$\beta_{11} = 17711$	$\beta_{10} + \beta_{11} = 24476$	
$\beta_{12} = 46368$	$\beta_{11} + \beta_{12} = 64079$	
usf.	usf.	

Wenn $\underline{\chi = 1}$ ist, lauten sohin die Gleichungen — wiederum v tabellarisch gefaßt — für $\lambda = 7$:

Gleichbleibende Faktoren der Glieder in den Vertikalspalten

987		$c \cdot \mathfrak{M}_1$	$c \cdot \mathfrak{M}_2$	$c \cdot \mathfrak{M}_3$	$c \cdot \mathfrak{M}_4$	$c \cdot \mathfrak{M}_5$	$c \cdot \mathfrak{M}_6$
X_1	=	1 · 521 (521)	1 · 199 (199)	1 · 76 (76)	1 · 29 (29)	1 · 11 (11)	1 · 4 (4)
X_2	=	144 · 4 (576)	3 · 199 (597)	3 · 76 (228)	3 · 29 (87)	3 · 11 (33)	3 · 4 (12)
X_3	=	55 · 4 (220)	55 · 11 (605)	8 · 76 (608)	8 · 29 (232)	8 · 11 (88)	8 · 4 (32)
X_4	=	21 · 4 (84)	21 · 11 (231)	21 · 29 (609)	21 · 29 (609)	21 · 11 (231)	21 · 4 (84)
X_5	=	8 · 4 (32)	8 · 11 (88)	8 · 29 (232)	8 · 76 (608)	55 · 11 (605)	55 4 (220)
X_6	=	3 · 4 (12)	3 · 11 (33)	3 · 29 (87)	3 · 76 (228)	3 · 199 (597)	144 · 4 (576)
X_7	=	1 · 4 (4)	1 · 11 (11)	1 · 29 (29)	1 · 76 (76)	1 · 199 (199)	1 · 521 (521)

Die Gesetzmäßigkeit in der Zahlenbildung tritt besonders s wenn die Differenzreihen aus den in obiger Tabelle in diagonaler I einanderfolgenden Zahlen gebildet werden. Zu diesem Zwecke solle Vertikalreihen erscheinenden Zahlen gegeneinander versetzt anges mit dem Vorzeichen (+) versehen werden, während sich hier Grenze 0 hinaus die gleichen Zahlen in umgekehrter Folge aber n zeichen (—) anreihen. Es ergibt sich nachfolgendes Bild:

Reihe 1	Diff.	Reihe 2	Diff.	Reihe 3	Diff.	Reihe 4
+ 521	— 521					
+ 576	— 377	+ 199	— 199			
+ 220	+ 377	+ 597	— 521	+ 76	— 76	
+ 84	+ 521	+ 605	— 377	+ 228	— 199	+ 29
+ 32	+ 199	+ 231	+ 377	+ 608	— 521	+ 87
+ 12	+ 76	+ 88	+ 521	+ 609	— 377	+ 232
+ 4	+ 29	+ 33	+ 199	+ 232	+ 377	+ 609
0	+ 11	+ 11	+ 76	+ 87	+ 521	+ 608
— 4	+ 4	0	+ 29	+ 29	+ 199	+ 228
— 12	+ 1	— 11	+ 11	0	+ 76	+ 76
— 32	— 1	— 33	+ 4	— 29	+ 29	0
— 84	— 4	— 88	+ 1	— 87	+ 11	— 76
— 220	— 11	— 231	— 1	— 232	+ 4	— 228
— 576	— 29	— 605	— 4	— 609	+ 1	— 608
— 521	— 76	— 597	— 11	— 608	— 1	— 609
	— 199	— 199	— 29	— 228	— 4	— 232
			— 76	— 76	— 11	— 87
					— 29	— 29

In den Differenzreihen erscheinen die Summenwerte aus je zwei aufeinanderfolgenden Werte β, wie sie in Tabelle 43 verzeichnet stehen. Die Zahlen 1 und 377 ergänzen die zyklische Zahlenreihe. Sie entsprechen den Ausdrücken $0 + \beta_1$ und $\beta_7 + 0 = 377$, in welchen der Einfluß der Momente $\mathfrak{M}_0$ und $\mathfrak{M}_7$, welche, weil sie je $= 0$ sind, aus der Rechnung ausgeschieden wurden, wieder zum Vorschein kommt. Mit Hilfe der Gesetze der Differenzreihen gemäß Tabelle 45 würden sich nun für jede beliebige Zahl λ die Grundreihen der Einflußwerte der Größen $\mathfrak{M}$ auch sehr leicht entwickeln lassen. Zum mindesten aber ermöglicht die Bildung der Differenzreihen eine rasche und sichere Kontrolle für die Richtigkeit der Zahlenansätze.

7. Entwicklung der Einflußlinien für die Axialkräfte in den Gurten.

In den mit Gleichung 40 erhaltenen Formeln für die Axialkräfte X der Gurten erscheinen die äußeren Kräfte P noch geschlossen in den Momentenausdrücken $\mathfrak{M}$.

Nun gilt es die Größen $\mathfrak{M} = \mathfrak{M}_p$ als Funktionen von P zu entwickeln und einzusetzen. Der Entwicklungsgang gestaltet sich äußerst einfach.

Bekanntlich bildet sich die Einflußlinie des Momentes

$$\mathfrak{M}_p$$

eines auf zwei Stützen freiaufliegenden Trägers von der Stützweite l, auf welchen nur vertikal gerichtete äußere Kräfte P einwirken, aus zwei sich schneidenden Geraden.

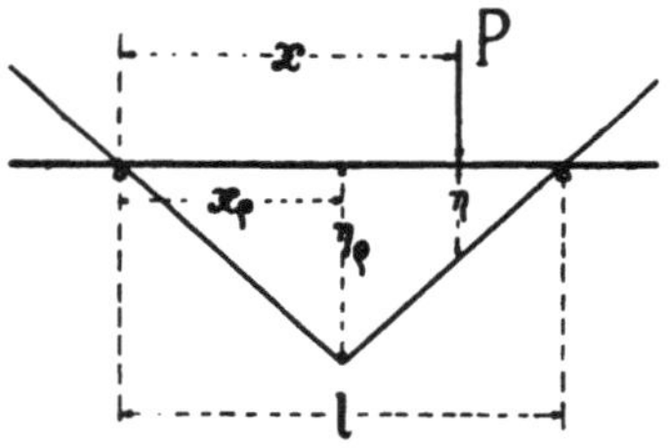

Abb. 6.

An Stelle der beiden Stützpunkten des Trägers sind die Einflußordinaten $= 0$. Die Scheitelordinate η_ϱ der Einflußlinie liegt an der Momentenstelle x_ϱ und hat die Größe

$$\eta_\varrho = \frac{x_\varrho (l - x_\varrho)}{l}.$$

Wird analog der früheren Bezeichnung $l = \lambda d$ und $x_\varrho = \varrho d$ gesetzt, so ist

$$\eta_\varrho = \varrho (\lambda - \varrho) \frac{d}{\lambda}.$$

Der Festwert $\frac{d}{\lambda}$ kann nun sofort mit dem konstanten Glied $\frac{c}{\beta_{\lambda-1}}$ der Schlußgleichungen 40 vereinigt werden, so daß nunmehr die Konstante

$$\frac{c}{\beta_{\lambda+1}} \cdot \frac{d}{\lambda} \text{ statt } \frac{c}{\beta_{\lambda+1}} \quad \ldots\ldots\ldots \quad (47)$$

zu setzen ist.

Aus den Scheitelordinaten $\varrho (\lambda - \varrho)$ der mit Wegnahme des Festwertes $\frac{d}{\lambda}$ reduzierten Momenteneinflußlinien ergeben sich die Einflußwerte η der einzelnen Kräfte P durch lineare Interpolation der Reihe nach wie folgt:

$$\begin{array}{llllllll} \eta = 0(\lambda-\varrho), & 1(\lambda-\varrho), & 2(\lambda-\varrho), \ldots & \underline{\varrho(\lambda-\varrho)}, & \varrho(\lambda-[\varrho+1]), \ldots & \varrho \cdot 2, & \varrho \cdot 1, & \varrho \cdot 0 \\ \text{für: } (A+P_0), & P_1, & P_2, \ldots & P_\varrho, & P_{\varrho+1}, & \ldots P_{\lambda-2}, & P_{\lambda-1}, & (B+P_\lambda) \end{array} \quad \ldots (48)$$

Es werden nun nachstehend die Einflußlinien der Kräfte X für $\lambda = 7$ tabellarisch entwickelt. Die Grundlage hierzu gibt die Tabelle Gleichung (44). Die Scheitelwerte $\underline{\varrho(\lambda - \varrho)}$ für $\mathfrak{M}_\varrho$ sind der Reihe nach $1 \cdot 6 = \underline{6}$; $2 \cdot 5 = \underline{10}$; $3 \cdot 4 = \underline{12}$; $4 \cdot 3 = \underline{12}$; $5 \cdot 2 = \underline{10}$; $6 \cdot 1 = \underline{6}$.

$$X_1 = \frac{c}{987} \cdot \frac{d}{7} \times$$

$A+P_0$	P_1	P_2	P_3	P_4	P_5	P_6	$B+P_7$	
0	6·521	5·521	4·521	3·521	2·521	1·521	0	
0	5·199	10·199	8·199	6·199	4·199	2·199	0	
0	4·76	8·76	12·76	9·76	6·76	3·76	0	(49)
0	3·29	6·29	9·29	12·29	8·29	4·29	0	
0	2·11	4·11	6·11	8·11	10·11	5·11	0	
0	1·4	2·4	3·4	4·4	5·4	6·4	0	
Summe 0	**4538**	**5429**	**4927**	**3893**	**2656**	**1342**	0	

1. Differenzreihe

| +4538 | +891 | −502 | −1034 | −1237 | −1314 | −1342 |

2. Differenzreihe

| −3647 | −1393 | −532 | −203 | −77 | −28 |

$$= -7 \cdot 521 \quad -7 \cdot 199 \quad -7 \cdot 76 \quad -7 \cdot 29 \quad -7 \cdot 11 \quad -7 \cdot 4$$

Die Summenzahlen aus den einzelnen Werten jeder Vertikalreihe obiger Tabelle stellen die Einflußwerte der Lasten P dar, und es ist sohin

$$X_1 = \frac{c \cdot d}{987 \cdot 7} \big\{ 0(A+P_0) + 4538\,P_1 + 5429\,P_2 + 4927\,P_3 + 3893\,P_4 + 2656\,P_5$$
$$+ 1342\,P_6 + 0(B+P_7) \big\} \quad \ldots \ldots \ldots \text{(49a)}$$

Aus den Gesetzen der Zahlenreihen erkennt man, daß die lineare Interpolation in obiger Tabelle zur Bildung der Summen gar nicht notwendig war, daß vielmehr die Summen sofort aus den Gliedern der Vertikalreihen für P_1 und P_6 abgeleitet werden konnten.

Zu diesem Zwecke bilde man lediglich je die Summe der Einzelglieder der Vertikalreihe für P_1 von unten nach oben und der Vertikalreihe für P_6 von oben nach unten, wie folgt:

				Σ
				$\parallel$
6·521 = 3126	4538	1·521 = 521	521	
5·199 = 995	1412	2·199 = 398	919	
4·76 = 304	417	3·76 = 228	1147	(50)
3·29 = 87	113	4·29 = 116	1263	
2·11 = 22	26	5·11 = 55	1318	
1·4 = 4	4	6·4 = 24	1342	
	$\parallel$ Σ			

Es ergibt sich dann

$$\begin{aligned}
\Sigma\eta_1 &= 6\cdot 521 + 1\cdot 1412 = 4538 & \text{oder} \quad 6\cdot \ 0 + 1\cdot 4538 = 4538 \\
\Sigma\eta_2 &= 5\cdot 919 + 2\cdot 417 = 5429 & \text{»} \quad 5\cdot 521 + 2\cdot 1412 = 5429 \\
\Sigma\eta_3 &= 4\cdot 1147 + 3\cdot 113 = 4927 & \text{»} \quad 4\cdot 919 + 3\cdot 417 = 4927 \\
\Sigma\eta_4 &= 3\cdot 1263 + 4\cdot 26 = 3893 & \text{»} \quad 3\cdot 1147 + 4\cdot 113 = 3893 \\
\Sigma\eta_5 &= 2\cdot 1318 + 5\cdot 4 = 2656 & \text{»} \quad 2\cdot 1263 + 5\cdot 26 = 2656 \\
\Sigma\eta_6 &= 1\cdot 1342 + 6\cdot 0 = 1342 & \text{»} \quad 1\cdot 1318 + 6\cdot 4 = 1342
\end{aligned} \quad \text{(51)}$$

Diese Art der Summenbildung ist insbesondere dann vorteilhaft, wenn es sich um eine große Reihe Glieder handelt.

Bei der folgenden Entwicklung der Einflußlinien für die übrigen Werte X sollen nun nur noch die Scheitelwerte nebst der Anfangs- und Endreihe für P_1 und P_6 in die Tabellen eingetragen werden.

$$X_2 = \frac{c}{987} \cdot \frac{d}{7} \times$$

	$A+P_0$	P_1	P_2	P_3	P_4	P_5	P_6	$(B+P_7)$
	0	6 · 576					1 · 576	0
	0	5 · 597	10 · 597				2 · 597	0
	0	4 · 228		12 · 228			3 · 228	0
	0	3 · 87			12 · 87		4 · 87	0
	0	2 · 33				10 · 33	5 · 33	0
	0	1 · 12					6 · 12	0
Summe	0	7692	11352	10833	8718	5994	3039	0

(52)

1. Differenzreihe $+7692 \quad +3660 \quad -519 \quad -2115 \quad -2724 \quad -2955 \quad -3039$

2. Differenzreihe $-4032 \quad -4179 \quad -1596 \quad -609 \quad -231 \quad -84$
$= -7 \cdot 576 \quad -7 \cdot 597 \quad -7 \cdot 228 \quad -7 \cdot 87 \quad -7 \cdot 33 \quad -7 \cdot 12$

$$X_2 = \frac{c}{987} \cdot \frac{d}{7} \{0(A + P_0) + 7692 P_1 + 11352 P_2 + 10833 P_3 + 8718 P_4 + 5994 P_5 + 3039 P_6 + 0(B + P_7)\} \quad \text{(52a)}$$

$$X_3 = \frac{c}{987} \cdot \frac{d}{7} \times$$

	$A+P_0$	P_1	P_2	P_3	P_4	P_5	P_6	$B+P_7$
	0	6 · 220					1 · 220	0
	0	5 · 605	10 · 605				2 · 605	0
	0	4 · 608		12 · 608			3 · 608	0
	0	3 · 232			12 · 232		4 · 232	0
	0	2 · 88				10 · 88	5 · 88	0
	0	1 · 32					6 · 32	0
Summe	0	7681	13822	15728	13378	9404	4814	0

(53)

1. Differenzreihe $+7681 \quad +6141 \quad +1906 \quad -2350 \quad -3974 \quad -4590 \quad -4814$

2. Differenzreihe $-1540 \quad -4235 \quad -4256 \quad -1624 \quad -616 \quad -224$
$= -7 \cdot 220 \quad -7 \cdot 605 \quad -7 \cdot 608 \quad -7 \cdot 232 \quad -7 \cdot 88 \quad -7 \cdot 32$

$$X_3 = \frac{c}{987} \cdot \frac{d}{7} \{0(A + P_0) + 7681 P_1 + 13822 P_2 + 15728 P_3 + 13378 P_4 + 9404 P_5 + 4814 P_6 + 0(B + P_7)\} \quad \text{(53a)}$$

$$X_4 = \frac{c}{987} \cdot \frac{d}{7} \times$$

	$A+P_0$	P_1	P_2	P_3	P_4	P_5	P_6	$(B+P_7)$
	0	6 · 84					1 · 84	0
	0	5 · 231	10 · 231				2 · 231	0
	0	4 · 609		12 · 609			3 · 609	0
	0	3 · 609			12 · 609		4 · 609	0
	0	2 · 231				10 · 231	5 · 231	0
	0	1 · 84					6 · 84	0
Summe	0	6468	12348	16611	16611	12348	6468	0

(54)

1. Differenzreihe $+6468$ $+5880$ $+4263$ 0 -4263 -5880 -6468

2. Differenzreihe -588 -1617 -4263 -4263 -1617 -588

$= -7 \cdot 84$ $-7 \cdot 231$ $-7 \cdot 609$ $-7 \cdot 609$ $-7 \cdot 231$ $-7 \cdot 84$

$$X_4 = \frac{c}{987} \cdot \frac{d}{7} \{0(A+P_0) + 6468 P_1 + 12348 P_2 + 16611 P_3 + 16611 P_4 + 12348 P_5 + 6468 P_6 + 0(B+P_7)\} \quad \ldots\ldots\ldots (54^a)$$

Die Ausdrücke für die Größen X_5, X_6 und X_7 sind umgekehrt symmetrisch jenen der Größe X_3, X_2 und X_1, so daß weitere Entwicklung nicht nötig ist.

Besonders hervorgehoben verdient nochmals zu werden, daß im vorhergehenden Zahlenbeispiel $\chi = 1$ vorausgesetzt ist. Es müssen also gemäß Gleichung (19) die Größen d, h, φ, ϑ_1, ν und ϑ diesbezüglich übereinstimmen. Ist dies nicht der Fall, so nimmt χ einen anderen Wert an. Die Entwicklung des Schlußergebnisses erfolgt jedoch in genau gleicher Weise wie beim Zahlenbeispiel. Die Grundgesetze sind eben dieselben. Und diese Gesetze liegen nunmehr so klar, daß die Einflußlinien der Kräfte X sofort ohne weiteres erhalten werden können, sobald die Zahlenreihe Ziffer (43) aufgestellt ist, was nach den hierfür angegebenen einfachen Regeln mit Leichtigkeit geschehen kann.

Betrachtet man nämlich die Zahlenwerte der zweiten Differenzreihen in den Tabellen Ziffer 49, 52, 53 und 54, so erscheinen hier die Grundzahlen der Tabelle 44 mit dem Faktor $(-\lambda) = (-7)$. Diese Grundzahlen aber sind nichts anderes als die aus den Größen β gebildeten Einflußwerte $\beta_1 (\beta_\lambda + \beta_{\lambda-1})$ usw der Gleichungen (40).

8. Direkte Gewinnung der Einflußlinien für die Axialkräfte in den Gurten durch Reihenbildung.

Das Verfahren zur direkten Gewinnung der Einflußlinien der Größen X ist nun das denkbar einfachste.

Man bilde beispielsweise für X_3 die Grundzahlen

$$\beta_{\lambda-2}(\beta_1 + \beta_2),\ \beta_{\lambda-2}(\beta_2 + \beta_3),\ \beta_3(\beta_{\lambda-2} + \beta_{\lambda-3}),\ \ldots\ldots\ldots\ \beta_3(\beta_2 + \beta_1)$$

gemäß Gleichung (40), multipliziere dieselben mit $(-\lambda)$, wobei λ die Felderzahl des Trägers bezeichnet, und betrachte die Reihe der Produkte als 2. Differenzreihe.

Ferner multipliziere man die Grundzahlen der Reihe nach mit

$$(\lambda - 1),\ (\lambda - 2),\ (\lambda - 3)\ \ldots\ldots\ 2,\ 1,\ \text{also}$$

$$(\lambda - 1)\beta_{\lambda-2}(\beta_1 + \beta_2),\ (\lambda - 2)\beta_{\lambda-2}(\beta_2 + \beta_3),\ \ldots\ldots\ldots\ 1 \cdot \beta_3(\beta_2 + \beta_1)$$

und setze die S u m m e dieser Glieder als Anfangsglied der 1. Differenzreihe.

Schließlich setze man das Anfangsglied der Hauptreihe = 0. Also

2. Differenzreihe	1. Differenzreihe	Hauptreihe
		0
	$+[(\lambda-1)\beta_{\lambda-2}(\beta_1+\beta_2)+(\lambda-2)\beta_{\lambda-2}(\beta_2+\beta_3)+\ldots 1\beta_3(\beta_2+\beta_1)]$	
$-\lambda\beta_{\lambda-2}(\beta_1+\beta_2)$		•
	•	
$-\lambda\beta_{\lambda-2}(\beta_2+\beta_3)$		•
	•	
$-\lambda\beta_3(\beta_{\lambda-2}+\beta_{\lambda-3})$		•
	•	
$-\lambda\beta_3(\beta_{\lambda-3}+\beta_{\lambda-4})$		•
	•	
.	.	.
.	.	.
.	.	.
.	.	.
	•	
$-\lambda\beta_3(\beta_2+\beta_1)$		•

Aus diesen Werten läßt sich nun sowohl die erste Differenzreihe wie die Hauptreihe leicht ergänzen.

In Zahlen ausgedrückt für $\lambda = 7$ und $\chi = 1$ erhält man nach Maßgabe der in Tabelle Ziffer 44 enthaltenen Grundzahlen folgende Werte für die Glieder der 2. Differenzreihe:

$$-\lambda\beta_{\lambda-2}(\beta_1+\beta_2) = -7\cdot 55\cdot 4 = -7\cdot 220 = -1540$$
$$-\lambda\beta_{\lambda-2}(\beta_2+\beta_3) = -7\cdot 55\cdot 11 = -7\cdot 605 = -4235$$
$$\ldots\ldots \quad = -7\cdot 8\cdot 76 = -7\cdot 608 = -4256$$
$$= -7\cdot 8\cdot 29 = -7\cdot 232 = -1624$$
$$= -7\cdot 8\cdot 11 = -7\cdot 88 = -616$$
$$= -7\cdot 8\cdot 4 = -7\cdot 32 = -224$$

Ferner erhält man das Anfangsglied der 1. Differenzreihe:

$$(\lambda-1)\beta_{\lambda-2}(\beta_1+\beta_2)+(\lambda-2)\beta_{\lambda-3}(\beta_2+\beta_3)+\ldots = 6\cdot 220+5\cdot 605+4\cdot 608$$
$$+3\cdot 232+2\cdot 88+1\cdot 32 = +7681.$$

Die Reihenbildung gestaltet sich folgendermaßen:

2. Differenzreihe	1. Differenzreihe	Hauptreihe
		+ 0
	+ 7681	
— 1540		+ 7681
	+ 6141	
— 4235		+ 13822
	+ 1906	
— 4256		+ 15728
	— 2350	
— 1624		+ 13378
	— 3974	
— 616		+ 9404
	— 4590	
— 224		+ 4814
	— 4814	
		+ 0

Die in der Hauptreihe erscheinenden Zahlen sind nun die Einflußwerte η der Kräfte P. Die Größe X ist hiermit allgemein

$$X_\varrho = +\frac{c}{\beta_{\lambda+1}}\cdot\frac{d}{\lambda}\,\Sigma(\eta P) \quad \ldots\ldots\ldots \quad (55)$$

Für obiges Zahlenbeispiel ist $\lambda = 7$; $\beta_{\lambda+1} = \beta_8 = 987$; $\varrho = 3$.

Es ist daher:

$$X_3 = + \frac{c}{987} \cdot \frac{d}{7} \{0\,(A + P_0) + 7681\,P_1 + 13822\,P_2 + 15728\,P_3 + 13378\,P_4 + 9404\,P_5 + 4814\,P_6 + 0\,(B + P_7)\}$$

genau so wie Gl. (53 a).

Auf gleichem Wege können die Ordinaten der Einflußlinien für die übrigen Größen X ermittelt werden.

Sind so die Einflußlinien der Axialkräfte in den Gurten sämtlich entwickelt, dann ist hiermit die gesamte Grundlage zur rechnerischen Behandlung des Vierendeelträgers gegeben.

Die Verwertung der Einflußlinien erfolgt in bekannter Weise.

9. Schlußwort.

Es ist wohl ein eigenartiger Zufall, daß mir genau einen Tag nach Fertigstellung des Manuskriptes zur vorliegenden Arbeit die neuerschienene[1]) Abhandlung »Vierendeel-Träger mit parallelen Gurten von Ingenieur Emil Reich (Laibach)« in die Hand kam.

Beim Aufschlagen der Schrift fiel mein erster Blick auf die darin enthaltenen Ausdrücke Ziff. (31), in welcher ich eine verblüffende Ähnlichkeit mit den von mir erhaltenen Ausdrücken Ziff. (27) erkannte. Bei näherem Studium der Schrift ersah ich, daß Herr Reich genau dieselbe Form für die Gleichungen der Axialkräfte in den Gurten gefunden hatte, wenn er sie auch in anderer Schreibweise bringt. Auch bezüglich der formalen Behandlung der beiderseitigen Tabellen fand ich eine gewisse Ähnlichkeit.

Auf welche Art Herr Reich die Formeln entwickelte, ist nicht angegeben. Vermutlich durch fortschreitende Determinantenbildung. Diesen Weg hatte ich anfänglich auch eingeschlagen, doch schienen mir bei dem dann weiter von mir verfolgten, in vorliegender Abhandlung niedergelegten Entwicklungsgange die Gesetze übersichtlicher zum Vorschein zu kommen.

Jedenfalls gewähren die beiderseitigen diesbezüglichen Darstellungen einen tiefen Einblick in die Gesetze der Reihen und deren Verwerfungen.

Im übrigen gehen die beiden Arbeiten verschiedene Wege zu gemeinsamem Ziel, und sie können sehr gut nebeneinander bestehen, zumal Herr Reich mehr die graphostatische Lösung der Aufgabe erstrebt, während ich die rein analytische Lösung verfolge.

In vielerlei Hinsicht aber dürften die beiden Arbeiten sich sogar ergänzen, und so steht zu erhoffen, daß sie gemeinsam Anregung zur weiteren Forschung auf diesem interessanten Gebiete geben werden. *L. F.*

---

[1]) Wien 1911. Druckerei und Verlags-Aktiengesellschaft vormals R. v. Waldheim, Jos. Eberle & Co.